阅读成就梦想……

Read to Achieve

NEW MEGA TRENDS

Implications for Our Future Lives

大未来

移动互联时代的十大趋势

[英] 萨旺特·辛格(Sarwant Singh) ◎ 著　李桐 ◎ 译

中国人民大学出版社
·北京·

推荐序一

弗若斯特沙利文公司全球合伙人兼中国区董事总经理　王昕博士

王昕，北京大学情报学专业博士，投身企业发展战略咨询领域近二十年，为众多的国内外知名企业提供过各类咨询服务。他曾长期作为沙利文公司全球项目总协调人，在北美、欧洲及亚太地区从事相关市场的咨询研究工作，具备深层次的行业洞察力，业已成为国内企业发展战略咨询领域的领军人物之一。

同时，作为国内投融资领域专家，王昕博士早在2006年就带领沙利文公司精英团队开拓了港股行业顾问服务，他还率先建立和规范了投融资领域行业顾问的业务流程及服务标准，为行业的规范化发展做出了杰出贡献。

"世界大势，浩浩荡荡，顺之者昌，逆之者亡。"孙中山先生说过的话放到今时今日仍然适用。在这个瞬息万变的时代，世界是普遍联系的。在纷繁复杂的商业世界里，识别发现干扰性的、颠覆的、革命性的未来趋势十分重要。就像20年前，大多数人都无法预料到互联网竟会如此彻底地颠覆传统的商业模式。如今，互联网横扫了越来越多的"传统行业"，而互联网思维已成为一种"生存技能"。了解大的趋势，无论是对于企业还是个人来说，都十分必要。

对于企业来说，了解世界大趋势，进行情景规划，未雨绸缪，积极应对未来的不确定性，可以最大程度地降低商业风险。所谓情景规划，即要求企业事先设计几种未来可能发生的情形，为将来可能遇到的挑战提供预防机制，从而化危为机，甚至不断开拓出新兴的业务机会，使红海变成蓝海。我本人对此也深有感悟，弗若斯特沙利文公司于1998年进入中国，最初我们只有传统的企业发展战略咨询服务。依托于沙利文公司海外的成功经验以及本地的专业人才，业务开展得如火如荼。然而，我们并没有就此满足。2006年，我发现了新兴的业务机会，在经过了大量的市场研究之后，带领沙利文公司精英团队开拓了港股行业顾问的服务。如今，企业投融资顾问服务已成为沙利文公司的核心业务之一。每一年，我们帮助来自投融资机构、行业领先企业等在内的客户，基于沙利文公司的行业研究积累，为客户提供专业、独立的行业顾问服务。沙利文公司业已成为企业上市行业顾问的首选合作伙伴。即便如此，我们也永不止步，顺应趋势，不断地开拓、挖掘新兴的业务机会。

对于个人而言，了解世界大趋势是一种核心能力。本书作者，我的同事兼好友萨旺特无疑是适应创新浪潮的先锋。从他日常居住的智能家居环境到他上班出行的绿色环保电动车，还有他给家人的智能医疗呵护等来看，绿色、智能、高科技等元素早已点点滴滴融入了他的血液。在工作中，他的"高瞻远瞩"亦值得我们同行借鉴学习。望读者能够好好利用本书中"从宏观到微观"的方法论，结合其中的几大趋势分析，实现商业精英及行业领导者的自我成就。

我真诚地向您推荐《大未来》这本书，希望此书可以帮助您发现、了解、创造、把握、整合、借力以及实现趋势。

推荐序二

中国电子信息发展研究院国际合作处副处长 · 薛载斌

今天谈到大趋势，自然联想到昨日轰然倒下的摩托罗拉和诺基亚，因为它们没有看清和跟上移动互联网的发展潮流。没有看清，可能缘于缺少战略想象；没有跟上，可能是由于现实的利益太沉重，以至于拖累了创新动力。

预测未来，自然离不开想象力。为此，所有相关书籍和影视作品，都会首先展示一幅在今天看来有些光怪陆离的场景。《大未来》的作者萨旺特·辛格先生也不例外，他设想的主人公理查德 2025 年某一天的生活，让人们充满憧憬，也充满困惑。憧憬的是，在未来万物互联的世界里，智能的网络和智能的机器人几乎可以能及时满足我们所有的个性需求；困惑的是，未连接和未数据化将成为人们最大的奢求。

这就像当下的中国，有不少人常常为挥之不去的商业短信困扰，也常常为持续不散的大都市雾霾痛心疾首，但新兴的微信依然保持方兴未艾的发展势头，而城市化的规模依然在日益膨胀。这就是趋势的力量，正像每年夏天在中非大草原千里迁徙的庞大的食草动物群，尽管有许多羸弱者病死在路途或被强者吞噬，但为获取美草清水而迁徙的热情从来就没有退化过。

诚然，古往今来，并不是每一种潮流都成为了趋势，也不是每个趋势都成为了大趋势。在作者看来，真正的大趋势必须具有三种特征：一是具有全球性；二是具有可持续发展的宏观力量；三是具有改造功能，能够对人类的工作和生活带来显著影响。换言之，大趋势的力量是阻挡不了的，全体地球公民必须顺势而为。

接受了未来大趋势的挑战，就必须有弄潮者的创新能力，正如马尔科姆·利特尔说过的，"教育是通往未来的护照，明天属于那些今天有准备的人"。《大未来》一书的可贵之处就在于：

与其他有关趋势预测的书籍相比，本书最大的特点在于，它不仅仅对从现在到 2020 年各个行业的发展趋势进行论述和评估，更重要的是，它将其中蕴涵的短期、中期和长期新的机会与我们的日常商业活动和个人生活紧密联系起来。

　　不管是否情愿，当今的政治家必须承认城市化和中国正在引领全球高铁时代的发展趋势，城市化能使资源更优化利用，而高铁则是经济一体化和更广大自贸区建设的便捷有效的保障。

　　对企业家来讲，网络化和智能化如何有机融入自己的商业活动已经时不我待，为此必须坚信商业的最大趋势是为更多的人提供价值，而不是为更多钱提供价值。当信息化的便利能够使良好的供需关系轻松得以建立，未来富有创新精神的汽车厂商不能仅仅满足于生产高性价比的汽车，而是要尝试为客户提供个人交通综合解决方案，比如直接租赁电动汽车，与飞机、轮船和火车服务合作接轨。

　　作为城市化进程中的市民，将会首次体会到"健康、安康和幸福将会是未来十年最重要的理念"，这是因为医疗支出占城市化国家 GDP 的比重将会快速增加，将会引动医疗产业的一场重要革命。谷歌将助你成为全能医生，医疗旅游将成为时髦，不仅定制药物成为现实，而且纳米机器人将会准确及时为你望闻问切。

　　正如作者所言，没有必要在书中把未来更多的趋势一一想象，也没有能力告诉社会各阶层的人具体的应对趋势的创新手段，重要的是希望读者能够透过诸如智能化、电动汽车、互联化以及城市化和高铁化这样的趋势，敏锐地看到这些大趋势带来的微观上的机遇，并且深刻认知到这些趋势是相互作用的，而这种融合和相互作用，为市场新的参与者，为富有创新的小微企业提供一片崭新的、巨大的发展空间。

　　这就是今天全球正在倡导的跨界融合趋势，包括跨产品、跨科技、跨行业、跨模式，甚至跨意识形态。当前以工业化和信息化深度融合为代表的跨界融合正在我国勃然兴起，我们有理由相信，它必将有力促进我国的可持续发展建设，同时为全球的新工业革命和第三次工业革命添加灿烂的注脚。

前言
下一个十年会是什么样

2025年的某一天

2025 年某天的清晨。

卧室里响起了轻柔悦耳的音乐，声音的大小刚好让我从睡梦中醒来。我最心仪的"伴侣"——智能机器人萨拉用她那熟悉的声音在我耳旁轻声细语：

理查德，早上好！您的早餐已经按照您的要求准备好了。考虑到您现在的血糖水平偏低，我已经对早餐的营养配方做了相应的调整，请抓紧时间用餐并准时出门。根据目前的路况信息，您今天上班路上所用的时间要比平常多 5 分钟。

萨拉有着不可思议的能力，她能了解我的感受，并帮助我处理一天的事务。连我自己也觉得有些纳闷，我竟然如此听从她的指挥并被她掌控。之前有两年多的时间，经常有人向我推荐萨拉，后来，禁不住折扣价的诱惑，我终于拿起电话订购了萨拉。事实证明，自从有了萨拉以后，我的生活变得轻松从容了许多，再也不像过去那样没有条理、忙里忙慌了。

此时此刻，我一边吃着碗里的麦片，一边在想：今天会有什么事情发生？在英格兰老家的亲人们现在怎样？我最支持的球队在昨晚的比赛中表现如何……令人开心的是，如今我可以将这两件我最喜欢做的事同时进行—— 一边洗着热水澡，一边通过浴室玻璃上的显示屏了解我所喜欢的球队的最新消息。就在几周之前，我捐出了父亲留下的最后一台电视机，虽然我不是朋友中第一个"无电视化"的人，但也不是最后一个。现在这个显示屏真是太神奇了，它被完全嵌入玻璃中，可以执行语音命令，并且与网络连接（这一功能是赠送的）。当然，有一点我还是很注意的，虽然我不会像我的朋友们那样一边洗澡一边打视频电话，但我还是会经常提醒自己时不时地更改隐私设置，毕竟，这种便携式显示屏并不十分保险，还是有自身缺陷的。

还有一件让我开心的事，那就是我再也不必随时想着带钥匙了，再也不会因为弄丢或到处乱放找不到钥匙而提心吊胆了。因为，在过去的二十年里，生物识别技术有了突飞猛进的发展，现在，从房门钥匙到车钥匙，以及车内的个性化功能和办公室的门禁卡，全都使用生物识别功能。就连我厨房里的餐具也是如此，这样一来，我们就不会担心小孩子们不小心被餐具伤着了。

从新闻中我了解到，美国真的已经输给了像印度和中国这样的亚洲经济体。国内旺盛的消费需求、新一代领导人的改革措施以及庞大的年轻人口数量等因素促进了中国和印度的发展，而且在中国和印度涌现的新发明和新兴企业比美国加州的要多得多。

通常情况下，驾驶电动汽车到我工作的大学上班大约需要 35 分钟。因为车内安装了许多有趣的应用，所以整个行程并不枯燥，甚至还很有趣。我真的不敢相信，仅仅是一项应用的升级，车内的装置就可以自动监控我的健康状况，并且能够觉察我此刻的情绪（萨拉也就不用坐在我的身后了）。我知道，我必须控制自己的情绪，不要为这该死的交通着急上火。但是，如果播放器下一首还播放这么优美平缓的曲子，我可要考虑降级这款应用了！令人感到奇怪的是，由于这款应用的出现，在过去 5 年中，虽然全世界的车辆总数已接近 20 亿辆，人口总数也接近 80 亿，然而各地的交通却变得通畅了，交通事故发生率也降低了 35%。上周，我从最新的"视频邮件"（Vidmail）服务处了解了备受大众关注的汽车免提系统的研发情况。据说，首批符合安全法律法规要求的、带有免提系统的汽车会在接下来的五年内投入生产，但估计该技术还需要进一步完善和改进，所以我还是等一等比较好。毫无疑问，我的朋友帕克一定会是第一批使用者，他可比我更有冒险精神。

到了学校，停好车，我将智能设备从车中取下，把它卷好放入背包中。接下来，我将享受一天中最美好的五分钟——迈着轻快的步伐走进校园。身边是来来往往的学生们，看到他们个个意气风发，都在为自己的明天而努力时，我总是发自内心地为他们高兴。我时常回想起自己的大学生活，总是不禁感叹这个世界的变化真是太快了！在我还是一个小孩子的时候，我们国家的状况与今天相比真是有天壤之别。那时，失业的人很多，但父亲仍是不厌其烦地告诉我，生活在这样一个繁荣富裕的国度有多么幸运。那时，在校园里，你经常会看到一群学生围坐在草坪上，用投影仪做课堂演示；现在，一切都变了，通过网络视频，遍布世界各地的学生随时都可以加入到我们的课堂。这一切确实使全球合作变得更加重要了，国家和地区之间的边界也越来越淡化以至消弭。我确信，这将是人类未来的发展趋势。

　　走进办公室，我开始安排一周的日程。和全球的远程团队一起开发程序着实是一件颇具挑战性的工作，然而，能在这么年轻的时候就领导如此庞大的团队，又的确让我很有成就感。每天上午的大部分时间，我都用来检查安全协议，并为15个机器人安保员设定程序，这是我们这套程序管理中最为重要的环节。几年前，作为编程组组长，我几乎需要用一整天的时间来编写程序，而现在，我们的网络运行速度有了极大的提升，几个小时之内就可以设定好程序并传输指令。我不禁设想，过不了多久，这一切估计在几分钟之内就可以搞定了，也许连编程都不需要了，一切都将是全自动的。若真能如此，这将是一项不可思议的成就，因为这些机器人安保员可以与我们的学生和教职工合作互动共同完成编程，而机器人完成任务的保险系数是很高的——当然这并不是说我们曾有过什么意外，更何况我们的机器人是一项"零事故"的设备，在北美只有两家公司可以做到。

　　午餐之前，我通常会在走廊里巡视，检查各项设施的完整性，并重点检查那些新安装的设备。由于我们是一所百年老校，大多数设施都已经老化了。几年前，我参加过一个会议，会议的内容是关于如何将新材料和新技术运用到对年代已久的老建筑的维护工作中。当时的我十分感叹科技已经有了如此大的飞跃，而且每当新技术产生时，才会发现新旧更替的速度竟然如此之快。就拿我父亲和他的 iPad 来说吧，我清楚地记得，想当年他第一次拿到 iPad 并且轻轻触摸屏幕时是多么激动，而如今这些 iPad 已经成为博物馆中的老古董了，想想真是可笑。

记得在会议中，一些专家提到，尽管一些历史名城如伦敦、巴黎所面临的挑战比我们要大得多，但他们还是致力于使用新材料和新技术，将那些高能耗的建筑改造成低耗能的建筑，甚至是能源可以自给自足的建筑，而这也是我们学校如今最主要的目标——做到能源的消耗和产生 100% 自给自足。欧洲最先迈开前进的步伐，而中国正以飞快的速度追赶，相信这一目标将会很快在全球范围内实现。与此同时，我们学校正在从使用传统燃料转向使用页岩气，并尝试利用房顶收集的太阳能发电，且已初见成效。当然，若不是因为能源储存技术的发展（尤其是对二手电动汽车电池的再次利用），这一切是不可能实现的。校方投资建设的这个系统再过两年就可以盈利了。但是，盈利并不是校方的最终目标，成为被公认的无碳场所，并做到 100% 可持续发展才是终极目标。

检查完设备，午餐时间就到了。如今你会发现街上很少有肥胖的人，这就和从前大不一样了。无论是在学校的食堂就餐，还是到外面吃饭，我对食品的关注更趋向于它们是否符合我的饮食需求。现在，我自愿选择饮食监控系统，虽然我并没有任何患糖尿病的倾向，然而，自从我的血糖水平被测出偏高以来，学校营养部就开始联系我，并劝说我使用这一套监控系统。现在，我走入任何一家餐厅或商店，只需要把菜单扫描到我的个人终端中，它就会告诉我，菜单上有哪些菜是最适合我、最健康的选择。虽然我确实觉得有点被逼无奈，但请它帮忙点餐的好处已经显现，那就是我口袋里的钱多了，因为若不这样做的话，我就必须为我的健康支付更高的保险费。现在很多超市都在大量出售美容产品，据说这些产品能够帮你长出更健康的指甲或重新长出头发，想想都觉得好笑。

现在该回办公室了，一会儿我还要和我的非洲供应商进行视频洽谈，他会出现在我办公室墙壁上的屏幕中。今晚还有个聚会，朋友们约我下班后去喝一杯。虽然我是个自控力较强的人，但估计还是会被他们拉去的，而且每次他们都会想方设法给我安排相亲对象，这让我有点儿烦。今晚，这帮家伙为了让我结束单身生活又会想出什么鬼点子？也许，我也该考虑考虑他们的建议了，毕竟我今年已经 35 岁了。然而，萨拉将会对此作何感想呢？

决定未来的大趋势

在撰写本书的过程中，这一部分是我最难下笔的。我该如何向你们描绘一个充满不确定性的、令人兴奋的，同时又可能对个人隐私产生侵犯的未来世界呢？我该如何告诉你们，十年后，你们的家用设备和办公设备会和现在的完全不同？我该如何告诉你们，我们现在居住的城市在这十年中会有怎样天翻地覆的变化？而你们的工作和应该掌握的技能也将大不一样？我该怎样向你们解释，仅仅是因为互联网的高速发展，将会涌现出许多新兴产业、新的客户群体以及新的商业模式？当然，我会找到方法的。但在最开始的时候，先让我来问你一些问题。

你是一个爱回顾过去，并且相信未来的人吗？你会时常想象你的公司以及你所从事的行业未来会变成什么样子吗？还有，你的工作在这十年中将会发生什么变化？或者你会想象你的下一份工作会是什么样的？你希望为你的孩子做职业规划并且为你自己的投资做计划吗？你涉足股票市场吗？如果你对以上问题的回答都是肯定的，那么你一定需要阅读这本书，相信这本书中讲述的十大趋势肯定会对你的个人生活和职业生涯产生重要的影响。

我是弗若斯特沙利文咨询公司（Frost & Sullivan）旗下"远见创新小组"（Vision Innovation Group，VIG）的主管。弗若斯特沙利文公司是一家全球性的企业增长咨询公司，业务涉及 12 个领域。2001 年，当我还是个初级项目经理时，我就极力劝说公司一位董事让我组建一个新的部门——汽车与交通部，他却对此毫无兴趣，并且觉得非常奇怪：为什么要投资一个已经成熟的行业，而如果将这笔钱投放在信息通信技术领域，预计能为公司带来 7 倍的收益。虽然我知道那是个网络通信当道的年代，任何和互联网相关的行业都能赚得盆满钵满，但我还是极力劝说他，同意让我将钱投在一个成熟的实体行业做些尝试。而当时，汽车行业一年的增长率仅为 2%，一家汽车公司一年的净利润率能达到 4% 的话，就已经很不错了。

那位董事并不是一个能够轻易被说服的人，但看到我如此地坚持并满怀激情和动力，最终还是同意了我的请求，前提是我要将日常的本职工作做好。今天，汽车与交通部是沙利文公司在欧洲所有 12 个业务部门中最大的一个，也是利润最高的一个（比信息与通信技术部的利润还要高）。很多同行或媒体记者都问我为什么会取得这么高的成就，说实话，我的部门所取得的成就并没有什么了不起，我们获得成功的关键就在于最初在开拓这项业务时，我们把目光放得比较长远，而且在发展的过程中，我们始终坚持"关注汽车行业里一切前沿趋势、创新科技，为客户提出创造性的解决方案"这一理念。

正是基于这样的理念，每当我去欧洲和亚洲的一些汽车公司做咨询项目时，我都会带给他们一些新的东西，提供给他们一些他们所不知道的信息。多数时候这样做很受欢迎，但也有例外。比如，2008 年，我对一家世界领先的汽车公司的 CEO 说，你们从事的行业不是汽车制造业，而是个人交通行业，而且汽车共享将成为一项极为重要的个人交通业务，所以你们应该将发展汽车共享业务提上日程。然而，说完这些话后，我差点儿就被那位 CEO 赶了出去。可就在三年后，这家公司在我们的帮助下，已经开展了汽车共享业务。

2009 年是我职业生涯中最值得称道的一年。那年，我第一次来到底特律三大汽车公司巨头（福特、大众和克莱斯勒）的总部。跟每一家公司领导人分别会谈了一个小时，离开的时候，我手中已经握着六位数的合同。会谈中，我描绘了交通行业的未来发展前景，以至于到最后，这些已破产的公司也意识到，要想生存下去，就必须学习和了解新的技术。尽管已经破产，但他们仍然愿意在这方面做些投资。也正是这次底特律之行，让"大趋势"的概念在我心中扎下了根。

在汽车行业遭受重创时，我在底特律的良好表现引起了公司董事长大卫·弗里格施塔德（David Frigstad）先生和我的顶头上司阿鲁普·祖施德（Aroop Zutshid）先生的关注。借此机会，我又向他们提出了一个新的想法，那就是着手研究将在全球范围内影响我们的 12 个领域的发展趋势。我的观点是，最重要的不是这些趋势本身，而是这些趋势将对各行各业所产生的从宏观到微观的影响以及带给人们的启示。这也是本书的重点。

非常巧合的是，和上次一样，我又被分配了一个"兼职任务"：主持"大趋势"研究项目。相关的研究报告已于 2010 年发表，并且我们已经将这些研究成果应用到与全球财富 1 000 强公司的战略合作中，而这些成功的合作使我萌生了撰写这本书的想法。在过去的三年中，我在全球范围内与各个领域中有着巨大影响力的公司都合作过，涉及的行业从奢侈品到高成本资本设备，涉及的服务项目从品牌营销到外包运营等。你即将在本书中读到的未来十大趋势对这些行业里的每一家公司都适用，而且这些趋势最终将帮助这些公司拓展更多新的、尚未开发的的市场空间。

本书和其他有关趋势预测的书籍相比，最大的特点在于，它不仅仅对从现在到 2020 年前各行各业的发展趋势进行了论述和评估，更重要的是，它将其中蕴藏的短期、中期和长期的新机会与我们的日常商业活动和个人生活紧密联系起来。换言之，我所做的工作并不仅仅是对未来进行大胆预测，而且还要告诉大家，这些预测会给我们带来什么样的机会，或者造成什么样的威胁。作为一般读者，你可以展望一下未来，看一看你的生活和工作在未来将会发生怎样的变化。作为企业的领导者，你可以从书中提到的、将要发生的变革中找到商机从而实现获利，另一方面，它也可以提醒你避免受到来自这些变革的负面影响。

本书每一章的结构大致相同。每章的开篇会先总体介绍一个大趋势，给出定义，然后将它分解成几个次级趋势，并概述它们将会带来的副效应。接着会提供证据，说明它们到来的紧迫性，并用实例预测这些趋势从宏观到微观层面对人类产生的影响。这样的结构设计是为了让你不仅了解这些趋势的发展动态，还要了解，根据历史经验，这些趋势在未来十年中会发展到什么程度。本书最后一章的内容是一种用来从宏观到微观预测和评估这些新机遇的方法论，以及教会你如何对它们加以应用。

关于大趋势

找出大趋势并为其定义是本书中最具争议的部分，当然也是最重要的部分之一。如果对"大趋势"这一概念没有一个准确的定义，就很可能过高或过低地设定了我们的出发点，这无疑从一开始就将我们摆在了错误的位置上。我的同事理查德·希尔（Richard Sear）将此比喻为"打高尔夫球"——只有在开始打球时就将手放在球杆的最佳位置上，才有可能打出漂亮的一杆，也就是说，在你优雅地挥杆之前，握杆的方式至关重要。

弗若斯特沙利文公司将"大趋势"这一概念定义为："能够影响全球社会、经济、文化、商业以及个人生活可持续发展的宏观发展力量，这些力量将决定未来世界的模样，并且加速事物的改变。"让我们将这一定义分成以下几个部分来看，你就会明白我们为什么会下此定义。

大趋势是全球性的。书中所讲述的趋势全部都是全球性的。尽管如此，这些趋势对不同的市场、不同的行业、不同的地理区域、不同的社会群体和个人所具有的含义是不同的。举例来说，城市化是一个全球化的现象，然而由于人口数量的不同以及 GDP 增长速度的不同，甚至只是由于地理环境因素的不同，很多趋势对商业、公司、个人和日常生活等方面，对不同地区的启示也会有所不同。

大趋势是可持续的宏观发展力量。不是每一种潮流都会成为趋势，也不是每一个趋势都是"大趋势"。之所以被称为"大趋势"，那是因为它必定会对全球经济产生重大的影响力，并且这种影响具有持久性。这就提出了一个问题：这些趋势确实会发生吗？如果不能确信它一定会发生，那么考量它的可持续性也就变得毫无意义了。因此，我可以肯定地告诉你，没错，它们一定会发生。问题在于，这些趋势将在什么时候对我们产生影响？影响的程度如何？假若某个趋势确实具有持久性，那么它必须对一个广阔的市场具有持续的影响力。

大趋势有改造的功能。"大趋势"可能会决定商业、市场、各行各业以及我们个人生活之间一系列错综复杂的关系，它不仅会改变我们对个人生活和职业生涯的观念，也会改变我们的日常活动，甚至会将我们与未来的伙伴们联系在一起。

大趋势为什么这么重要

让我们回顾一下过去十年里所出现的一些趋势：

● 中国成为正在崛起中的发展大国；

● 网络零售和电子商务的井喷式发展；

● 社交网络的兴起；

● 对环境保护和可持续发展的日益关注。

　　显而易见，这些趋势不断地发展并且产生了一系列影响。我们的生活和十年前相比发生了翻天覆地的变化。许多机构和组织仍在想办法应对中国的崛起；许多公司还在努力探索成功的电子商务战略；为了抵挡来自电子书的压力，传统的出版行业正极力尝试采取新的盈利模式……看看那些"嗅觉灵敏"而且较早地顺应了这些趋势从而成为业界领军企业的公司吧：西门子公司的基础设施和城市商业模式成为其最强劲的发展方向；Facebook 的出现很好地顺应了人们的社交需求；IBM 成功地进行了商业转型，成为一个解决方案提供者；亚马逊超强的电子商务能力以及正在实施的硬件战略等。

　　你不妨问问自己以下这些问题：你是一个被动接受改变的人还是一个主动推进改变的人？你是习惯于领导潮流还是跟着潮流走？你会怎样设计你的未来，从而使自己不会被时代抛弃，而是去顺应潮流？如果你希望主动改变自我，并且希望成为一个引领潮流的人，本书将带给你非常多的启示。

　　我希望阅读这本书对读者来说是一种享受，正如我写这本书时的感受一样。

NEW MEGA TRENDS
IMPLICATIONS FOR OUR FUTURE LIVES

01

未来的智能世界

也许在上一个十年中，投资绿色科技产业并不能给投资者带来可控和可预测的回报，这使得投资者们将目光转向了智能产品、智能服务和智能城市。这些智能产品、智能服务及智能城市能够根据周围环境的发展变化自我调整，以适应新的发展变化。但是，上一个十年的绿色环保产品，将逐渐被下一个十年所涌现出来的智能产品和智能服务所取代。

"绿色环保"对大多数人来说，通常意味着离开房间时关上灯；少开车或少坐飞机以减少碳足迹；花 14 美元买一个节能灯泡而不是花 1 美元买一个普通灯泡；或者花很多的钱安装一个太阳能加热板……人们这样做无非是在寻求良心上的安慰，并不在意它的性价比。

相对而言，智能是一种在不改变你个人习惯的基础上提高效率的一种理念，同时它也代表着更加方便和更节能环保。过去，绿色环保产品很难有确定的收益回报期限，因此对政府和相关决策部门来说，常常会陷入是否对其进行投资的两难境地。而智能产品则不同，它既具有商业价值，又能够将节能效率提高 30%，而投资回报期可以明确到 2 年到 4 年左右。

现在，智能概念已延伸至城市、智能建筑、智能家居、智能能源、智能云计算、智能市民、智能管理、智能商务、智能汽车、智能材料等，而且这一清单还在不断地被补充。

关于智能

"智能"的定义有很多种。最开始的定义是和网络连接的、植入了智能化装置（以微处理器的形式）的产品。这一定义在不断地发展，目前最新的定义则把智能产品理解成智能手机（像 iPhone）这样的产品，前提是这些产品内部嵌有信息和通信技术。在大多数情况下，智能产品都具有这些要素，这也是大多数智能产品发展的方向，但这并不完全准确。

大体来说，智能产品可以分为以下三个级别。

● **第一级别**。具有基本感应功能，并且可以和周围的环境进行简单交流的产品。比如，智能创可贴的纱布网眼中嵌入了传感器，它可以告诉患者和医生伤口是不是已经感染（未来，它很可能还可以识别是由哪一种细菌感染的）。

● **第二级别**。有感应功能和数据传输功能，并且能够通过内嵌软件进行纠错的产品。一个最简单的例子就是智能灯光控制系统。当系统感应到屋内没有人时，便会自动关掉房间中的灯；当它感应到有人走进房间时，又会自动打开灯。此外，人们还可以通过这套系统提前预设灯光强度数值来控制灯光的强度，这样，既做到了省电，同时也延长了一只价值 14 美元的绿色灯泡的使用寿命。

● **第三级别**。这一级别的产品建立在二级产品之上，有着更强的智能系统，能够实现双向信息流，和网络连接，有高级的信息获取、处理和传达能力，并且可以根据智能系统感应到的新情况进行纠错。比如，一个三级智能灯光控制系统会拥有二级系统的所有功能，另外，它还可以根据日光的变化来调节室内灯光的强度，做到在白天和晚上保持相同的照明强度，还可以通过智能手机对家电设备进行远程操控。这个功能非常实用，尤其是当你出门在外，突然想起离家前忘记关灯的时候。

在本书中，我们将智能产品定义为拥有智能感应技术，通过不断地融合网络科技，可以对周围变化的环境作出反应和交流，可以优化操作、提高效率的产品。

在未来，"智能"将从单一封闭的解决方案和单一的智能产品，发展为能够相互连接的智能方案和产品，这就意味着，它不仅是一项单一智能服务，还是一个完整的、具有综合功能的整体，比如智能家居、智能建筑以及智能城市等。西门子公司和 IBM 公司的未来规划就是运用这些概念，将不相干的信息整合在一起，然后通过智能装置汇报给使用者。比如，当你到达某个目的地之前，智能装置会提醒你下一个交通拥堵会在什么地方出现，这对开车的人来说非常重要，这样你就可以提前调整路线，否则开到那里后再想调整就来不及了。图1—1展示了智能产品、智能科技和智能理念的一些例子。

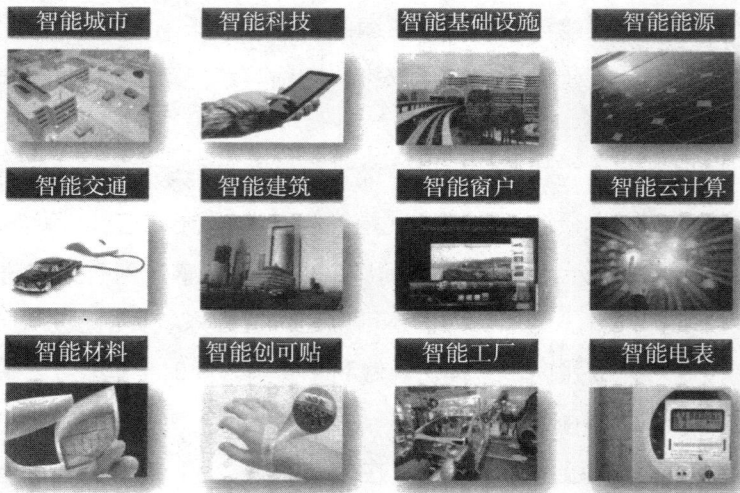

图1—1 智能产品和智能科技图例

图片来源：Dreamstime and Connected Digital World

资料来源：弗若斯特沙利文

智能家居

"智能家居"这一概念是从"家庭自动化"发展而来的。

2000 年，沙利文公司针对"家庭自动化"发布了一个报告，这一报告很受欢迎，很多公司由此对家庭自动化产生了兴趣。报告中预测，"家庭自动化"这一市场将会有极大的发展空间。但是，在此后的十年中，这一市场并没有像人们预想的那样充满了潜力。导致这一预言落空的主要原因是，过去的科技手段不够智能化，一个所谓的自动化家庭实际上只是拥有一大堆具有远程控制功能的电器，如电视、音像、百叶窗、灯具等，并且人们其实并不愿意为购买这些华而不实的设备而多掏钱。因此，家庭自动化也仅仅停留在这些高端奢侈的电器上。

如今则大不一样了，以下三个因素可以保证我们的预测不会落空：第一，智能科技手段可以"管理"一个家庭，而不仅仅是控制；第二，能源的使用效率问题变得十分重要，这也是促进发展家庭自动化的重要因素；第三，智能手机和平板电脑的出现给消费者提供了一个通过单一设备来管理的家庭平台选择。

以前只有在电视和电影中出现的那些智能家居的情景很快就会变为现实了。智能家居可以提供以下服务，而这些服务大体可以被分为家庭管理、家庭能源管理和垃圾管理三大类。

- 虚拟管家。自动调控家中的环境和氛围，如为约会设置气氛、灯光和场景，还可以调控气味和净化空气等。
- 虚拟看护。能够照看家中的老人，远程监控小孩和宠物。
- 个性化的生活。提供针对个人习惯而量身定制的个性化服务。比如，根据个人的喜好调控每个房间的温度，孩子们不会再抱怨他们的房间太冷或是太热了。
- 自动补给。比如，冰箱可以自动生成购物单。
- 多媒体和娱乐方案。
- 家庭能源智能管理。比如，无线连接的家庭，家庭用电管理，把剩余的电传到电网，电动车充电，通过智能电表管理高峰和非高峰时间用电等。
- 虚拟能源损耗管理。比如，水和能源储备。
- 通过运用智能手机等设备远程管理家庭。
- 运用智能软件，检查家庭的能源消耗的类型和实际消耗量，并予以反馈。

上述所有功能都可以通过安装一个叫做智能家居中心（Smart Home Hub，SHH）或家庭区域网络（Home Area Network，HAN）的黑色盒子来实现。这个黑盒子有点像你现在使用的数字电视机顶盒，是一个可以与家庭里所有设备和电器连接并可以被控制的平台。

未来的智能家居还会拥有智能窗户，它不仅仅是简单的带框的玻璃，而且还能够有效地控制光线、温度和空气。它可以代替传统的窗帘、百叶窗以及遮阳棚，会对一些传统的窗上用品行业产生影响。由于它将成为气温调控系统的重要组成部分，也会对暖通空调系统（Heating Ventilation Air Conditioning，HVAC）产生影响。

智能家庭医护

过去的病人能够接受由于自然变老而带来的挑战，他们对于医疗服务的理解仅限于那些公共医疗保险或私人保险所覆盖的服务。相对而言，在 20 世纪 50 年代婴儿潮时期出生的人对他们的退休生活有着完全不同的设想，他们对于生活品质及独立性的期待也不一样了：他们愿意动刀子进行整容；愿意动用自己的私人存款为超出医疗保险范围以外的治疗买单。因此，当不得不选择进入养老院的时候，他们会选择能够给他们提供更大的自主性、更能够保证生活质量的养老院。

和那些能够为私人娱乐室安装最时髦的家庭多媒体设备的公司一样，新型医疗养老院会提供私人定制的、极具个性化的老年公寓房，里面安装有最新的家庭医疗科技设施，来满足每位老人的个性化需求，无论是糖尿病、肺气肿、关节炎、充血性心率衰竭或其他疾病，这些医疗设备可以使老年人顺利地得到治疗，并可以对他们每天的身体状况进行监控。

这些房间内可以安装各种各样的检测仪器，通常包括基本生物识别监控设备和诊断测试设备等，其中基本生物识别可以对心率、血压、体重和其他基本指标进行监控。例如，对于糖尿病患者来说，除了一些必备的基本指标识别设备外，还包括测试条和测试仪读表器等，更先进的诊断工具还包括对尿液和血液的检查分析仪器，用于对病症的发展状况进行判断。所有检测到的数据可以通过网络上传至养老院的医护系统，会有医护人员每天跟踪患者的状况，并确保他们能够按照既定方案进行治疗。有时候还可以针对患者提出的问题，通过网络提供具体的咨询服务。

同时，过去那种功能单一的设备很可能会被一些具有高端智能技术的设备取代：智能马桶可以通过事先编制的程序，按照要求在固定的时间对采集的患者的尿液样本进行分析；智能冰箱可以帮助患者制订符合标准的饮食计划；自动药片分配器可以帮助患者远离服错药的危险；紧急警报系统不仅能够在紧急情况下自动向救护人员发出警报，还能同时报告患者的个人信息，以便医生在患者到达医院之前就开始准备工作。有了属于自己的智能家庭医护服务系统，变老将不再是一件令人痛苦的事了。

智能汽车

毫无疑问，汽车也将迎来智能化时代。五年前，全球汽车生产制造厂商关注的焦点，还是如何实现绿色环保和提高燃料的使用效率，而现在则转移到如何实现汽车的智能化。在完成从驾驶耗油量大的车到驾驶混合动力车和小型车的转变后，给汽车附加一些新的功能从而使驾驶变得更便捷将成本为新的时尚。比如，加入可以将汽车自动转为经济驾驶模式的换挡指示器，和可以通过识别驾驶环境从而改变驾驶行为的智能速度变换系统，就可以帮助那些经常匀速行驶的司机，以及那些转上好几圈才能找到停车位的车主节省 25% 的燃油费。

智能汽车会同时关注安全系统、动态信息和创新的操作界面这三方面最重要的信息，也就是说，它能够自动收集路面情况、交通状况、感应条件等信息，然后利用车内的中枢系统对这些信息进行处理，并将信息通过无干扰界面实时反馈给驾驶者，从而使驾驶者的驾驶体验更加丰富。

安全系统

研究显示，汽车安全系统，即高级驾驶辅助系统，从探测到路面有异物到作出自动刹车反应的时间大概在 600 毫秒，而智能汽车的制造商们则希望能够将这一反应时间缩减。为此，他们进行了无数次尝试，除了在车身安装已有的传感器外，还安装了立体摄像头，这样能够大大提升安全系统的反应速度。例如，奔驰汽车的 6D 技术应用，该系统中会配有几个摄像头，预计能够将安全系统的反应时间降低到 200 毫秒，这将会有效地降低事故的发生率。

动态信息反馈

在汽车行业中，如何使汽车能够通过路旁的基础设施获取路况信息，从而防止事故发生并且缓解交通压力，这被称为车与车（Vehicle to Vehicle，V2V），车与基础设施（Vehicle to Infrastructure，V2I）的交流。这一技术采用的是一种叫作专业短程通信 5.8GHz（DSRC5.8 GHz）的特别无线技术。宝马公司声称，他们目前生产的汽车彼此之间已经能够运用浮动车数据采集（Floating Car Data，FCD）技术实现重要信息共享，比如，当前方发生事故的时候，汽车就可以自动减速。希望在将来，可以通过强制使用浮动车数据采集技术，在奔驰、宝马和福特等车之间实现重要的数据共享。另外，还会出现汽车与家（Vehicle to Home，V2H）的交流系统，把汽车与家庭区域网络连接起来。

智能汽车另一项有趣的功能是，运用计算机处理从车上获得的相关数据，将这些数据提供给驾驶者，并通过网络与外界实现信息共享。为做到这一点，汽车制造商们想到了两种办法：一是利用驾驶员的出行计划；二是在汽车内部嵌入了一个专用数据计划，通过与网络的连接为驾驶者提供一些有用的信息，比如实时交通状况和一些动态信息，比如停车位的情况以及车位的提前预定。近些年，多数汽车制造商们已经将这一理念发展成为基于云计算的解决方案，它可以在任何时间获取任何类型的信息并进行相应的处理。例如，丰田汽车公司与微软合作，利用微软旗下的 Azure 云计算平台创建了一个新的信息平台，将公司与他们的顾客与经销商们有效地连接起来。福特公司正在和谷歌合作，利用谷歌 Prediction API 云技术，通过对历史记录进行详细的分析和预测后，为驾驶者提供最佳的行驶路线。毫无疑问，将来的汽车会接收到更多的动态信息，当然，前提是我们要确保提供的信息对驾驶者来说是有用的，这样才能避免造成不必要的麻烦。

驾驶操作界面

未来，智能汽车的车载显示屏将只有 8 英寸^①iPad 屏幕那么大，而且具有许多功能，比如触屏和语音界面，这些功能可以让驾驶者加强驾驶体验，避免分神。比如，诺基亚的 MirrorLink 技术能够让驾驶者在车载显示屏上操控智能手机；苹果最新的 iphone 4S — SIRI 能够进行语言识别和分析……而一些汽车制造商们也在积极地将这些新技术应用到自己的产品中。比如，凯迪拉克公司已经将一种名为"凯迪拉克用户体验"（Cadillac User Experience, CUE）加入到其新发布的车型中。这种技术能够支持自然语音识别功能，这就意味着，今后驾驶者不再需要下特定的口令，而是说一些自然的语句和词语就可以轻松地操控汽车。这代表了汽车未来的一种新理念，即确保用一种安全且智能化的方式为驾驶员提供信息。

一旦将这些新技术植入汽车，驾驶将会是一种全新的体验。以宝马和奥迪为例，他们正在使用一种名为"交流模拟显示"（Contact Analogue Displays）的特殊技术，将挡风玻璃变成可以显示前方路况的显示屏，警告车主有可能发生的交通事故以及安全驾驶区域。在停车时，"显示屏"还会为驾驶者提供他们感兴趣的目标点和地标，从而为挡风玻璃增添了娱乐功能。

汽车制造商们为此做了很多努力，他们在想把未来的汽车打造成像 007 那样炫酷的坐驾同时，也在找寻一种既能实现完美且理想的驾控体验，又能对过于智能化的模式进行限制的平衡，而驾驶者在驾驶时的分神也让这一平衡变得更加重要，这将会促使汽车制造商们将更多的资金用于投资。

总之，到 2020 年，汽车很可能会成为动态信息和娱乐功能的集合体。

智能能源

目前，非洲只有 30% 的人口享有电力供应；印度的人口几乎和整个非洲一

---

① 1 英寸≈2.54 厘米。——译者注

样多，那里有 40% 的家庭没有电；中国已经成为全球消耗电能最大的国家之一……所有的发展中国家都面临着这样的难题，即如何满足普通家庭的用电需求，而在欧洲和北美的人们最关注不是如何发电输电，而是能源的使用效率。

其实，人们对于发电和输电的传统观念早就应该转变了。比如，人们对于在输电过程中发生的电力损耗问题并没有给予高度的重视，而事实上，在输电过程中造成的电力损耗会使电力公司每年的损失高达数十亿美元，如果加上电价上涨的因素，这些损失将会更高。这也告诉我们，很多电根本没有得到任何使用就被浪费掉了。假如能够充分利用可再生能源发电或者推广发电本地化，就可以大大减少对电力的浪费，还可以降低电价。要做到这些，最好的办法就是建立智能电网系统。

大量的电力消耗意味着大量污染物的排放。要想降低这些污染物的排放量，首先，必须采取措施加大对低排放或零排放的电力能源的开发和利用，比如对风能和太阳能的开发利用；其次，还要想方设法在发电、输电和配电各个环节提高能源的使用效率；最后，我们每一个人也需要更有效率地用电，无论是通过改善建筑物，还是升级我们的家用电器。总而言之，如何使用能源将是解决能源危机问题的核心。

智能电表让家务也智能

关于家庭能源消费，既有令人沮丧的一面，也有令人高兴的一面。令人沮丧的是，家用能源很便宜的好日子已经一去不复返了，随着能源价格的增长，我们在这方面的开销也将不断增长。令人欣慰的是，智能电表已经在几个国家得到了普及，这使我们可以更好地掌控能源的使用（如果我们和电表一样聪明的话），从而节省开支。丈夫们再也不用像过去那样对着妻子和孩子大喊"关灯"了。

将能源监控技术引入到电表中，智能电表就会自动跟踪家里所有电器的耗电情况。烧开一壶水要用多少电？洗一桶衣服要多少电？用 40 寸的等离子电视看一场足球赛要消耗多少电？其实，人们对诸如此类的问题没什么概念。虽然我是一个电气工程师，但如果不上网查一下，我也搞不清楚。但是，通过对电器的能源消耗量的了解，消费者们能够自觉放弃使用高能耗的电器，也能够让他们认识到提高能源使用率的重要性。所以，电器制造商们就会想办法提高产品的能源利用率，否则他们的产品就会因缺乏市场竞争力而无人问津。

为了鼓励人们在非高峰时间用电，电力公司也会按不同的时间制定不同的电价。所以在不影响邻居的前提下，在晚上11点至凌晨4点之间洗一桶衣服的电费可能只是高峰时间的1/4，使用洗碗机和烘干机就可以在非高峰时间进行，这样既可以节约能源，又可以省钱。

高级电表基础设施可以帮助消费者与电力公司进行双向"交流"。那些使用分散式发电装备，如安装在屋顶上的微型风涡轮机和太阳能板的消费者们就可以通过电网将多余的电卖给电力公司。

以上是对于我们消费者来说的一些利好消息，而对于电力公司而言，智能电表的应用带来的好处则更大。通过智能电表可以使人们控制用电，很多电力公司都在着手开展所谓"需求响应"的业务。需求响应指的是通过奖励机制来鼓励某一种行为，这里的"奖励"指的就是更低的价格，也就是用低价格来引导人们在非高峰时间用电。对于电力公司来说，这样做的好处是，假如因此能使高峰时间的用电量减少哪怕只有5%～10%的话，就可以关闭那些只为应对用电高峰期而建立的小型发电站，从而使能源的消耗量以及二氧化碳和其他污染物的排放减少。

目前，智能电表已经逐步开始在全球范围内使用：美国的几家电力公司已经出台了实施计划；意大利和瑞典几乎每个家庭都安装了智能电表；欧盟已经立法，确保到2022年，在欧盟地区所有的家庭都要安装智能电表；日本、韩国、新加坡以及澳大利亚也已经制订出投资计划。当然这项技术的应用并不仅仅局限于发达经济体，拉美、亚洲和中东的大部分国家也将开始应用。沙利文公司能源问题高级咨询师乔纳森·罗宾逊（Jonathan Robinson）曾经说过："据预测，未来全球的智能电表市场的商业价值将达到100亿美元。日本东芝公司并购了瑞士的一家智能电能计量公司Landis + Gyr。这一迹象表明，全球的能源巨头们正在向这个市场聚集，准备发起进攻。预计到2020年，智能电表市场的价值将翻倍，达到 200 亿美元，这就为了解人们需求的智能电能计量公司提供了巨大的发展空间和机会。"

由于智能电表的出现，过去常常出现的查表员入户查表时被主人小狗追的场景将成为遥远的回忆，这也意味着电力公司将可以节省大量的人力成本。

智能电网

什么是智能电网？从根本上来说，就是将已有百年历史的电网改造得更加自动化、智能化，使它更好地为社会服务。智能电网的定义有些复杂，如果用通俗的语言来解释的话，它就是指运用数字技术实现用户和电力公司之间双向交流的一种电网。智能电网可以提供高效、经济并且安全的电力，最重要的是，它还可以兼容多种发电来源，并且可采用分散式发电。与传统的电网相比，智能电网有以下几个显著优点。

1. 通过各种电力储存方式更加容易地平衡发电和用电，这是智能电网最突出的优点。随着越来越多的发电来自可再生能源，发电与用电的平衡也变得更加复杂，而且由于电是很难储存的，在解决这个难题前，能够有效地控制电力消耗就显得十分重要。以智能电冰箱和智能冰柜为例，电力公司可以通过智能电网远程控制它们的运转情况，使它们的用电强度变得有规律可循。比如，它们会先工作 45 分钟将内部温度降下来，然后"休息"45 分钟，直到温度升到可以被允许的最高值时再开始工作。这样，就可以在较短时间内平衡高峰期的用电需求。电力公司也可以因此关掉很多维护成本高、二氧化碳排放量大的发电站。

2. 智能电网可以将可再生能源纳入到能源系统中。在很多国家，可再生能源将成为主要的发电来源，比如德国已经开始花大力气进行可再生能源的开发。所以，如果我们想逐步放弃使用核能源，也不想再依赖二氧化碳排放量很高的燃料（如煤炭）的话，就要投入大量资金建设智能电网。

3. 智能电网可以实现双向输电，这可以使用户们将多余的电"还"给电力公司，使它返回到电网中。也就是说，那些利用风能和太阳能发电的偏远地区的用户们也可以将多余的电返送到电网中，这些电可以在电网中被有效地使用，从而将电力的浪费控制在最小的程度。

4. 智能电网可以及时纠错并提高电网的可依赖性。目前的情况是，电网存在的问题只有被用户投诉时才会被发现，这不仅浪费时间，而且还在排除故障时需要停电，干扰用户的正常用电。而智能电网由于安装了传感器并使用了双向交流技术，任何问题都会被立即发现，且大部分问题都可以通过远程控制修复。而且，传感器可以做到预防性维护，即在事故或问题发生前，任何隐患都会被发现，避免了电力中断和更大的损失。拉科马（K.LaCommare）和埃托（J.Eto）的一项研究表明，美国每年由于电力中断而造成的损失高达 800 亿到 1 000 亿美元。

智能城市

弗若斯特沙利文公司远见创新小组的一份调查发现，当今很多地方都在讨论智能城市这一话题，而且有很多城市都已经给自己贴上了"智能城市"的标签。然而，如果按照严格的标准来看，现今能够称得上智能城市的地方并不多。

最早，我们为智能城市设定了一个标准（详见表 1—1），并且用它来分析全球主要城市的发展趋势。通过分析，我们发现，2020 年至 2025 年，全世界将有26 个城市有潜力成为智能城市，其中有一半城市位于西方经济体，但是有一些与智能城市相关的项目也会被提上日程，比如天津生态城和阿布扎比的马斯达尔。

表 1—1   **2020 年智能城市的关键指标**

智能能源：

● 智能电表的使用率达到 50%；

● 建有智能电网；

● 城市中 15% 的电力来自可再生能源。

智能交通：

● 政府鼓励市民使用低排放交通工具，如电动车和燃料电池车，并积极建设交通基础设施；

● 政府出台政策鼓励新型交通商业模式，如自行车租赁和汽车拼车业务；

续前表

● 实施联合运输及综合交通解决方案，在各种形式的公共和私人交通方案中分享交通数据。

智能科技：

●城市中实现 4G 移动通信网络覆盖；

●城市高速宽带；

●发展城市 wifi；

●充分利用智能技术，实现如智能家居解决方案和机对机（M2M）交流。

智能医疗：

●制定和实施关注市民的健康、医疗和幸福感的相关政策；

●运用移动医疗（mHealth）和电子医疗（eHealth）等技术将传统的治疗方式转向健康监控
和健康诊断。

智能建筑：

●制定政策鼓励建设带有光伏建筑一体化（Building Photovoltaics Integrated，BIPV）的环保
型智能建筑；

●城市中 10% 的建筑成为碳中和建筑；

●节约能源的效果和垃圾管理水平得到显著提高。

智能基础设施：

●建设用于个人交通和货运的综合运输枢纽；

●垃圾 100% 回收，环保概念在城市环境中的各方面都有所体现；

●城市中各种形式的基础设施实现智能化，并且可以进行联网管理。

智能管理：

●政府出台刺激政策，向企业和市民推广环保和智能理念。比如，将碳中和建筑的理念推广
给企业和民众。

智能市民：

●市民对于环保和智能的理念非常认同，比如，在阿姆斯特丹和哥本哈根，绝大多数的市民
选择骑自行车上班。

资料来源：弗若斯特沙利文公司

区分"生态友好城市"、"绿色城市"和"可持续发展城市"这三个不同的概念是非常重要的。大多数生态友好城市会实施某些智能城市的政策，但它们并不一定符合沙利文公司对于"智能城市"的定义。预计，到 2020 年，全球 100 多座城市会成为可持续发展城市或生态友好型城市。令人鼓舞的是，其中部分城市来自发展中国家，而且大部分城市从零开始。到 2025 年，哥本哈根将成为第一个真正意义上的智能城市，也是第一个碳中和的首都（详见本书第 4 章的个案分析）。

阿姆斯特丹是当今所有推崇智能理念的大城市中一个很好的典范。阿姆斯特丹智能城市项目由原本只是一个在 18 个月内建立智能电网的计划慢慢发展形成，这是一个需要市民、商业机构和政府机构共同合作的项目。目前，该计划已经有了 71 个合作伙伴，并在 16 个分计划中运用了 36 项智能科技。这一项目强调建设大规模智能基础设施，包括高速宽带、智能电表和智能电网、智能环保建筑以及个人交通工具的充电站。阿姆斯特丹希望通过应用这些智能科技，将城市中的二氧化碳排放量减少到 1990 年的 60%。

欧洲人能做到的，中国人会做得更好。如果有机会的话，请到中新天津生态城走一走，看看他们是如何一丝不苟地将规划一步步落实的吧，绝对会让瑞士人也自愧不如。中新天津生态城是一个由中国与新加坡各持 50% 股份的合资项目，位于距天津市中心 45 千米左右的滨海新城。项目占地仅有 30 平方千米，大概只有半个曼哈顿那么大，预计在 2020 年建好后可以容纳 35 万居民。建好后的生态城将大力发展绿色交通，推行绿色生活方式和工作方式，还计划发展并利用一些非传统的水电能源和技术，如太阳能、废热重复利用以及雨水收集等，让城市与环境、社会以及经济发展非常和谐地融为一体。它也将成为其他城市今后发展的效仿对象。

智慧工厂：未来的工厂

说到生产和工厂，丰田公司无疑是一种终极的公司形态。深深根植于丰田公司整个生产系统中的"丰田之道"，如今已在世界范围内成为一种标杆。丰田公司有着 50 年历史，一直以来奉行持续改善和自动化的理念，始终追求高品质、大批量的生产。如今，丰田公司正在进行一次彻底的变革，确保自己能够走在竞争同行的前面。2009 年，丰田公司在新工厂在日本正式投入使用时，将该工厂的产能从每年生产 66 万辆车降低到 50 万辆。而且，在工厂改建前，只能大批量生产 3 种车型，而现在则可以同时生产 8 种车型，同时他们还将原先的三条生产线合并成两条，并将这两条生产线的长度缩减为原来的一半。这就使生产的灵活性得到了大大的提高，研制新车型的周期也缩短了一半。

丰田公司的新工厂与原来的工厂相比有了很大的改变。例如，加入了一个新的焊接系统，从而大大减少了模具以及其他工具的成本。丰田还研发使用了一种新的工具用来固定钢板，然后使钢板被焊接成汽车形状，这一新的工具可以从内部而不是外部工作；另外还发明了新型冲压机，利用了电机技术而不是传统的液压技术，使之与高速运送的机器人相结合。这样一来，能源的消耗就降低了，也减少了碳足迹。丰田公司还研发了一种可以向每一辆汽车运输一篮子配件的"零分拣系统"（Set Part System），这一篮子配件将随着汽车在生产线上一同流动，工人们再也不用像以前那样，沿着生产线到沿线的配件箱里寻找该车的配套部件了。这听起来似乎并没有什么了不起，但是，这种一篮子配送方式使任何车型都可以被一气呵成地制造出来，因为部件是随着汽车一起传送的，而不是分散在生产线上；丰田公司还用小型轻巧的设备取代了昂贵的大型机械，这样不仅降低了能源的消耗，减少了设备费用，还可以提高生产速度；新的冲床则利用了输送带机器人，比旧工厂的工作速度要快得多，因此大大提高了生产力。

上漆车间运用机器人科技，并且采用"三层上漆，同时风干"的技术，从而使上漆时间减少了 40%。

总之，在丰田公司，类似的创新之举还有很多，最终不仅使工厂能够灵活、敏锐地对市场行情作出相应的调整，而且还使工厂不合格产品和残次品减少了 50%，同时也将二氧化碳的排放量减少了一半，能源消耗也下降了 20%。

通过这些改变，丰田公司为未来的工厂树立了智慧工厂的榜样，智慧工厂的概念也上升到了另一个层次——对于工人们来说，未来的工厂将不再只是一个机械工作的地方，而是一个能够通过主动参与、相互合作而完成目标的地方。

首先，在未来的工厂里，工人不再需要门禁卡。在无线射频识别装置技术（Radio Frequency Identification Devices，RFID）的帮助下，工人的工作服中会嵌入用来储存个人信息并限制进出区域信息的微型集成电路芯片，还加入了感应技术，能够持续地记录其工作情况，并及时向工人们提示有可能发生的意外，比如，冶炼厂的气体泄漏等。

将来，工厂将步入增强现实技术的时代。带有增强现实技术的控制室将会取代传统的工作站。控制室的操作人员将会获得身临其境的 3D 仿真场景的体验，来感受意外发生时可能出现的情形。这就会大大减少因故障或其他意外而导致的停机。

未来工厂的工人们会拥有更多辅助的智能按钮，这些按钮可以帮助他们动态地监控生产输出，及时实施维护作业，以及检测生产问题。除此之外，工厂中的设备会从原先的静态设备变为嵌入智能技术的动态系统，并且可以和其他设备联动，不仅可以对意外事故提前作出反应，还可以在硬件系统失误的情况下及时实施纠正措施。

这些智能科技的出现和应用将使工厂从内到外发生翻天覆地的变化。人们迄今为止还难以想象，未来的工厂车间究竟会呈现出一种什么样的面貌。总而言之，未来工厂里的设备将会是一个个动态的实体，它可以像工人的同事一样与工人进行互动。

未来的智慧工厂不仅可以让工人们从中获益，管理者们也会从中受益。工厂将成为企业生态系统（Enterprise Ecosystem）的一部分。在这个假设的生态系统中，工厂车间将与工程设计部门及高层决策部门进行无缝对接，为增加管理的透明度和提高管理效率创建平台。

云服务器的应用也将惠及智慧工厂。这些云服务器不仅可以在很大程度上减少运营开支，还可以帮助工人从网上获取相关的数据并运用到实际工作中，从而提高工厂的运营效率，而且云计算也将逐渐成为数据储存以及信息获取的主要方式。

随着机器人科技时代的到来，未来工厂中人力的使用将会最小化，而且仅限于某些专业领域。智能机器人不仅可以在日常的生产操作过程中和工人形成互补，而且还能够在意外情况发生时，通过事先编好的程序，及时实施补救措施。当然这也会引起争议，甚至引发罢工，例如，员工会抱怨机器人抢走了本应属于他们的岗位。

未来的工厂尽管会变得十分智能化，但也会加剧现有供应商之间的竞争。很快我们就会看到新的商家加入智慧工厂这一市场，比如，IT供应商会将"触角"伸向工厂的不同部门，极力向其推荐软件或是硬件。工业领域与IT商家之间的界限也会变得越来越模糊，IT供应商和工业供应商们将会走到一起，合作生产价格具有竞争力的先进产品，这对制造业来说是个好消息，因为他们总是想找到既便宜效率又高的工厂。

追求完美是所有创造者最基本的特征。实际上，追求完美也是最根本的生存之道，这一点对工业领域来说也不例外。在追求完美的道路上，很多工厂已经做好引进智能理念的准备，并将其作为科技的一部分，与商业和竞争融合，作为三管齐下的发展策略。这一策略的应用将把现在的工厂改造成一个能够实现高效运营的有机体。

促进智能产品出现的技术

智能产品的出现将为各行各业提供大量的商机，而且也将改变现有的行业竞争局面。

促进智能产品出现的技术涉及很多行业，一些重要的技术包括：

● 感应和测量仪器。包括不同种类的传感器、电源供应器、功率分析仪、数据采集器、刻度校准仪、总线分析器以及工业计算机；

● 设备。包括所有的消费性电子产品，如智能手机、平板电脑、电子书，以及非通信类装置，如数码相机、智能电表、显示屏幕和个人医疗设备；

● 网络。既包括无线局域网和全IP传输网络，还包括利基技术，如无线城域网（Worldwide Interoperability for Microwave Access，WiMAX）和卫星—

电力线宽带网络；

- 机对机 / 消费设备连接。例如，在家庭区域网络（HAN）使用的短程技术，这些技术包括无线个域网和无线网络技术，也包括传感器网络；

- 服务和应用使能。它包括运营支持系统 / 业务支持系统（Operational Support Systems/Business Support Systems，简称 OSS/BSS）方面的网络使能器，也包括可以和多种网络互动的其他类使能器；

- 特定行业的增值服务（Value — Added Services, VAS）和使能（Enablement）。当应用程序界面和协议不适用时，能够和特定行业网络进行交流的界面和使能者；

- 应用。应用开发人员运用从网络设备、地理位置和预测分析中获取的信息创建智能解决方案，从而解决特定行业的运营痛点；

- 其他，如能源储存设备、能源管理软件、数据分析、咨询、整体解决方案提供商等。

大趋势的融合导致竞争的加剧

从对宏观到微观的分析中，我们得出一个结论，那就是这些趋势的交汇往往会导致竞争加剧。这一点在智能行业里表现得更加明显。

在能源行业里，最有竞争力也是最具有市场潜力的是智能电表行业。据弗若斯特沙利文公司预测，到 2015 年，智能电表在全球市场中的价值将达到 1 000 亿美元，这一数字到 2020 年还会翻一番，达到将近 2 000 亿美元。很显然，成倍增加的市场价值将会带来日益激烈的竞争，会吸引更多的新商家加入到竞争舞台。

随着智能建筑的出现，自动化和建筑管理领域中的企业将不得不重新定位，像施耐德电气、江森自控（Johnson Controls）和霍尼韦尔（Honeywell）这些公司，都在通过并购对自己的品牌在智能领域里进行重塑。十年前，施耐德电气公司的定位只是一家主要销售低伏和中伏设备的二级供应商，而今天它已经将自己标榜为能源领域的专家。同样，霍尼韦尔公司过去的主营业务是建筑管理，现在他们开始提供如何提高能源和电力使用效率的服务。与此相似的是，由于智能电表的出现和普及，能源行业中输电和配电公司，如西门子、美国通用电气公司以及 ABB 集团，也都面临着全新的挑战。

2010 年，新加坡能源市场部门发起了一项招标活动，寻找能够开展智能电网试点项目的公司。投标竞争格外激烈。西门子公司认为，凭借他们多年来在输电和配电领域的经验，赢得这个合同应该有很大的胜算。然而，令他们吃惊的是，最终中标的是埃森哲公司（Accenture）和新科电子公司（ST Electronics）。作为项目的总承包商，埃森哲公司需要组建一个能够提供系统集成服务，实施电表数据管理，且能适应随时变化的多功能团队。

这一结果对西门子以及其他传统商家们来说是个不小的打击。从那以后，这些商家们便开始了疯狂的并且带有侵略性的并购，目的是以此来支持它们的软件实力和 IT 能力。2010 年，瑞士的电网巨头 ABB 公司花了将近 10 亿美元收购了 Ventyx 公司。而施耐德电气公司收购了很多拥有先进软件技术的公司，其中比较著名的是用 20 亿美元收购了欧洲智能电网提供商泰尔文特公司（Telvent），而这一举动正是为了提升其在运行中断管理系统、高级配电以及资产管理系统上的能力。在沉寂了一段时间后，西门子公司于 2011 年底购买了智能电网软件货币 eMeter 公司。至此，四大行业巨头西门子公司、美国通用电气公司、ABB 公司以及施耐德电气公司，总共完成了价值 80~100 亿美元的 25 项并购。这些并购最根本的目的在于，将公司内部的低伏和高伏业务相结合，并通过 IT 技术使之变得更加智能化。

然而，并购的浪潮并没有就此停止，这仅仅是一个开始，而且会越演越烈。西门子公司正计划投放 270 亿美元进行战略性收购，而且预计它还将有更大的动作。收购目标可能锁定在目前产品系列中的空缺产品，或者是在某些地区性市场中能够在公用设施领域中获得市场占有率的产品。

在这个市场里，埃森哲公司并不是 IT 企业中唯一的胜者。其他的公司，如 IBM、思爱普、惠普以及甲骨文公司，目前都已经是智能解决方案项目，尤其是像智能城市这样复杂的解决方案的供应商。

正在走向智能化的施耐德电气公司

总部设在巴黎的施耐德电气公司是一家市值 200 亿美元的多元化能源管理企业。在能源管理领域里，施耐德公司是最先看到智能解决方案所具有的巨大发展潜力的公司之一，它用了五年的时间将自己成功地塑造成整个能源产业链中新的领军企业。在能源产品和能源系统领域，公司有着悠久的历史，从成立之初，公司就为自己设定了工业自动化、配电产品设备以及管理产品提供商的角色。直到最近，由于市场需求的改变，以及市场对能源使用效率的反馈，公司才渐渐发展成为"智能能源"领域里富有远见和创新精神的企业。

施耐德电气公司所采取的策略是，将公司内部的产品、技术以及专业知识与智能化结合，并将它们重点应用在电力、工业、建筑、数据中心和网络以及家庭住宅等领域里。

为了更好地实现系统集成和互通，施耐德电气的组织结构是开放式的，而且凭借发展过程中的一些有针对性、战略性的并购和某些传统产品的优势，公司已经成为全球能源管理方面的专家。公司的口号"从发电厂到插头"很好地诠释了公司的目标，即公司所能提供的全方位解决方案，涵盖了能源循环的每一个环节。

在全球金融危机期间，施耐德电气公司的收入依然呈持续增长的态势。2010 年时，该公司的增长率为 9.3%，而那时很多商家正在这个市场中苦苦挣扎。施耐德公司相信，新的市场机遇会催生出能够带来智能能源的新技术和新服务，而这些正在变为现实。

当智能电网的理念已经成为主流趋势，最为关键的一个挑战就是如何找到一种能够将基础设施中的不同设备相互连接，并对之进行妥善管理，从而创建所谓的"能源互联网"的方法。根据已经被认可的"不能测量的也就不能被管理"的原理，施耐德公司研发了一种属于自己的方法，用来传输可操作数据，从而达到提高能源使用效率，保证能源安全，提升公司经营绩效的目标。这一方法是施耐德公司所提供的智能能源管理的基础，而且，对所有新研制的设备和改造过的设备同样适用。

另外，施耐德公司还认识到，在智能电网中，设备和系统间需要公开通信协议，以及需要为客户提供虽然复杂但方便使用的能源管理软件，因此公司在 2009 年做出了迄今为止最重要也是最"智慧"的一个决定——发布了 EcoStruxure 平台。EcoStruxure 是施耐德公司的一项综合软件服务程序，它利用软件对整个结构中所有流动的能源数据进行测量、控制、集合，并将这些结果通过一个仪表盘显示出来，能够用于能源系统的设计和管理。这一平台融合了施耐德电气公司在电力管理、工业管理、建筑管理以及安防管理领域的独特专业技术。在所有的这些领域中，施耐德电气公司通过提供复杂的企业解决方案或是单个硬件部件的解决方案来实现全面的系统整合。

2010 年，施耐德电气公司在全世界范围内完成了 8 个战略性收购，收购的企业包括年销售额约为 19 亿美元的 Areva Distribution，年销售额约为 8 000 万美元的 Uniflair，以及年销售额约 100 万美元的能源监测软件提供商 Vizelia。此举目标明确，即充实其能源效率解决方案的服务，丰富其在智能电网业务的独特技术和专业经验，扩大新兴经济体中的市场份额。

2011 年年中，施耐德电气公司在引领智能能源管理的道路上迈出了迄今为止最大胆的一步——花了近 14 亿美元收购了西班牙软件公司泰尔文特公司。在传统能源行业里，这一举动简直令人难以想象。而如今，当智能能源正在成为业内的主流趋势，这一并购无疑会大大加强施耐德公司在提供智能电网解决方案方面的能力。尽管实际的增效与收益要经过几年的时间才会得到验证，但此次并购使施耐德公司的总体软件开发能力大大增强，从而提升了工业集成和软件服务能力，而这些都是设计出一个真正

的智能解决方案必不可少的要素。2011 年底，施耐德公司对外宣布了一项和泰尔文特公司合作的计划，它们将下一个利润增长点设定为智能城市。

在抢夺智能能源世界霸权地位的过程中，施耐德电气公司并不是其中最大的玩家，它战胜对手的方法与西门子公司、ABB 公司、美国通用电气公司、IBM 公司以及其他公司的方法也不尽相同。然而，每一家企业之所以都在这个日益智能化的能源市场上下了巨大的赌注，为的就是在下一个十年中能够可持续地发展。

　　企业资源规划（Enterprise Resource Planning，ERP）已经使许多像思爱普一样的 IT 公司尝到了甜头，让它们在不到二十年的时间里成了世界驰名、家喻户晓、拥有数十亿美元市值的企业。尽管大多数行业的解决方案已经发展得很成熟，但是在企业管理市场上，它还处于初级阶段。随着智能电网的出现，智能城市的市场预计会在未来十年里获得巨大的增长。像思爱普公司、IBM 公司、甲骨文公司、阿尔卡特—朗讯公司（Alcatel–Lucent）以及微软这样的公司，可以将面向电网的装置应用到支持服务，如客户账单信息、客户关系管理、员工管理以及资产管

理方案等活动中，并且将目前已有的公用设施 IT 系统和企业的运营和管理相结合，从而建立起一种新型商业关系，而后从中获取巨大的利益。

这些企业将会在未来争夺市场霸权的过程中上演一场好戏。其中一场即将出现在思爱普公司和甲骨文公司之间的"战役"值得我们密切关注。思爱普公司既擅长单打独斗，又很会与合作伙伴合作，而甲骨文公司一直主要靠自身的能力。就好比一个足球教练接管一支新的球队时，首先要衡量一下自己球队的现有实力，然后再考虑是否引进新球员来填补空缺一样，甲骨文公司一直试图通过利用其在电表数据管理和配电网管理服务领域中的现有优势，为客户提供完整的一体化服务。

不过，目前这些输电和配电企业、建筑管理企业和 IT 行业之间的竞争还仅仅是一些小规模战役，随着云计算这一互联网领域大趋势的呈现，一场大规模的战役将会全面爆发。目前就已经能够看到一些端倪，比如美国通用、霍尼韦尔以及其他一些大企业正在准备推出或已经推出基于云计算的智能能源服务，因为他们的顾客——那些公用事业公司，已经开始对处理和储存大量数据感到头疼。

通过制定品牌化战略、销售战略以及在全世界范围内推广建立智能电网并提供分享经验平台的战略，IBM 已经成功占据了超级集成商的位置，凭借以服务为基础的商业模式，IBM 也成为传统自动化企业和建筑管理企业很好的合作伙伴（见图 1—2）。

如果你正在这个行业里打拼，并且正关注着这场过山车式的变革，现在千万不要懈怠，因为随着电信企业的加入，很快你就会发现，谁也说不好这一场变革将会走向何方，而结局也变得越来越难以预测。威瑞森电信（Verizon），AT&T 和德国电信（Deutsche Telekom）这样的企业将会在包括智能家居、智能电网和智能城市在内的所有智能化市场中扮演越来越重要的角色。我们预测，未来的供应商动态趋势会出现一个极大的转变，尤其是智能家居和智能能源的理念逐渐渗入到电信行业之后。通过那些为最终用户过程和决策而寻找网络价值的智能化应用，提升了电信行业在这个市场中的声望。

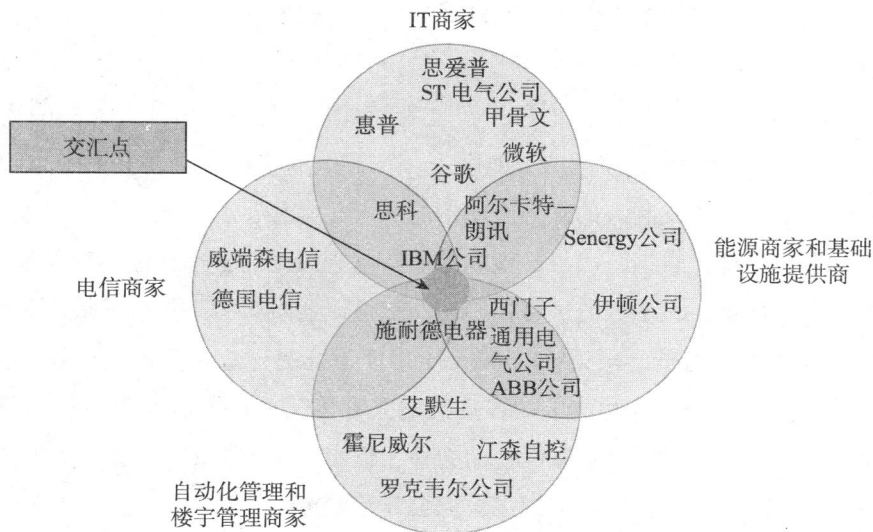

图 1—2 智能市场的机遇：科技的融合带来竞争的加剧

注：该图并不包含所有的市场商家。

资料来源：弗若斯特沙利文公司

智能领域里一个重要的增长将出现在 M2M（机对机）通信领域的子下线行业。电信服务供应商们将重新建立 M2M 解决方案，从而使各种机器和设备之间实现互联，帮助传统的 M2M 商家们起死回生。从过去两年欧盟 27 国对 M2M 的需求来看，预计 M2M 市场将会出现高达两位数的增长率。

弗若斯特沙利文公司沙利文公司分析师的分析表明，2008 年在欧盟 27 国中有近 2 000 万张 M2M 卡得到使用，比上一年同期增长了 60%。随后，在 2009 年，M2M 行业的增长与同期相比达到 45%，M2M 卡的使用从 860 万上涨到 1 260 万。如此迅猛的增长都得益于一级电信运营商们重组了他们的 M2M 业务，并将该项业务整合为一个部门，而这个部门又凭借在现有市场和新兴市场中的规模经济和对客户群体的成功定位获得成功。

M2M 卡市场出现如此高的增长，使电信行业意识到，他们在这一市场中的前景不可估量。该行业中的电信业务提供商、电信设备供应商、电信软件供应商、设备制造商以及互联网服务提供商们都会从这一增长中受益。

电信行业中的商家们，尤其是那些电信运营商们，会加快进入这个市场的脚步，为的是与传统的竞争者们抢夺一席之地，而他们也已凭借那些天然的优势，在现有领域（如远程信息技术、智能电表、智能电网甚至消费性电子产品 M2M 交流领域）取得了先发制人的优势。所谓的"天然优势"就是他们手中已经掌握有大量的客户资源大数据，而且，他们的通信基础设施能够承载一个智能系统可能产生的大量数据，大多数的远程控制功能都可以通过智能手机或平板电脑轻易地实现。例如，沃达丰公司（Vodaphone）可能不会去建立自己的发电厂，但他们会与那些从发电商买电和卖电的客户们建立零售关系；维珍（Virgin）是英国的一家销售电视、电话以及互联网包的企业，但由于世界主要地区燃气和电力市场的自由化，在不久的将来，他们很快也会开始销售燃气和电。

电信运营商们进入智能市场，对于该行业的其他竞争者来说并不是一个坏消息，因为这会让他们产生一种共赢关系。一些电信运营商如德国电信正努力与工业设备提供商以及专业应用供应商们建立跨行业的合作关系，以便在这个互联网世界取得一席之地。去年，德国电信和德国能源供应商 E.ON 公司、EnBW 公司、电器制造商 eQ-3 以及美诺公司（Miele）建立了跨行业的联盟，共同开发一个为智能家居所用的家庭区域网络（HAN）——智能连网。今年，又有几家新企业，如三星以及光电系统安装专家 Winkel Solarsysteme，加入了这一联盟，还有更多的商家会陆续加盟。这一家庭区域网络可以管理家用电器、窗户、灯光、百叶窗、报警系统等，而且这些操作仅需通过一个智能手机或平板电脑就可以完成。德国电信已经于 2012 年秋季在德国的大众市场推出了这一"智能连网"家庭区域网络。

家庭区域网络所带来的新商机绝不仅限于电信运营商，各行各业的不同企业都可以从中找到属于他们自己的商机。一些消费品制造企业，如宝洁公司、家用电器制造商德国的博世和美国惠而浦公司等，也正在加入这个市场。

智能市场发展的速度有多快以及成功与否，将取决于传统企业、IT 商家以及电信运营商们之间对研发相关 M2M 应用终端的合作程度。

未来，端对端智能解决方案将在市场中普及。拥有先进的技术、应用以及服务的供应商们将会引领新一轮的市场浪潮。因此，竞争将促使一个新的"超级生态系统"的形成，从而顺应智能城市这一理念的发展（如图 1—2 所示），这一生态系统里会包括电网基础设施提供商、电信服务提供商、增值服务提供商以及其他可服务于这个市场的商家们。这些商家或者是以单独的方式，或者是以和其他伙伴合作的方式参与到这个市场。在图 1—2 中，交汇点的商家将会是赢者，很可能会是像 IBM 或西门子这样的企业，因为他们有能力与那些高要求的利益相关者们合作，并实现对合作项目的超级管理。如果说，智能城市这一理念真的会像预期的那样快速地被人们接受，被市场认可，那么这一市场的出现将加快跨行业企业之间的融合和改组，并产生一些新的商家。

所以，在智能行业里打拼的企业需要特别小心地审视这一将要出现的超级生态系统，因为那些新加入的商家很可能会成为潜在的合作伙伴，也可能成为潜在的竞争对手。比如，对于像飞利浦照明这样的公司来说，可能面临着进退两难的境地，因为它需要搞清楚，到底是将这些智能领域的新运营商视为作合作伙伴，还是潜在的客户，抑或是潜在的竞争对手？或者主动与其他企业通过合并联手对抗竞争？

很多企业需要思考的一个问题是，在这个智能价值链中，自己将会处在什么位置。如果你是宝洁公司或是其竞争对手联合利华，你生产了上千种消费品，那么，其中哪些产品你认为应该是智能的、可跟踪的并且可以实现自动补货？你会抛弃你现有的核心业务而成为一个全面的家庭用品集成商吗？你会提供能源追踪服务吗？或者说，你会生产金霸王智能电池吗？

应该说，智能领域里的机遇是无限的。从智能交通灯到智能遥控器，所有可视、可触摸、可感知的东西都可以被智能化。看看 IBM 的官方网站吧！他们讨论的所有内容都已经和智能相关，比如，智能交通、智能能源、智能零售以及智慧星球，有趣的是，IBM 公司甚至还发布了一款叫作《Cityone》的智能游戏，让玩家们有机会来亲自解决城市面临的四大问题——零售、能源、水和银行。这款游戏最吸引眼球的一点是，游戏中第一次提到了"智能银行"的概念，也许"智能银行"会是避免全球范围内发生经济衰退和失业率上升的一个解决之道。

　　那么，这场关于智能化的大趋势对你来说究竟意味着什么呢？和你又有什么切身的关系？将来会不会出现这样的情况：在一个寒冷的冬天，你回到家中，发现家中的智能家居中枢自动关上了暖气，这是为了响应电力公司节省电力的要求；你的智能电冰箱下单买了一些食品，它们与你刚买回来的东西是一样的；你的智能电视没能录下你最喜欢的电视节目；你不能为你的电动汽车充电，因为智能充电中枢无法和无线充电站连接……这一切无疑是个灾难！然后你会看着那些昂贵的智能设备，说道："也许我并不需要有那么智能！"

　　尽管在未来的智能世界里，上述情形并非没有可能发生，但我们还是祈祷让这种情形永远不要出现吧。

NEW MEGA TRENDS

IMPLICATIONS FOR OUR FUTURE LIVES

02

迎接未来电动交通浪潮的到来

电动革命

很久以来，人们一直在享受这样一种生活方式：白天，大家从四面八方涌向市区工作，然后下班后回到郊区过属于自己的生活，所以大多数人都会选择自驾车而不是搭乘公共交通工具往返于两点之间，为的是让自己不那么疲惫。

即便是用任何形式的引导、奖励或惩罚措施都无法改变人们的这种出行方式。城市规划者试图说服所有人选择乘坐低污染的公共汽车、地铁等公共交通工具出行，将永远只是一个梦想。

然而，这一切并非无法改变。在不久的将来，我们将用由低污染电池和可替代燃料提供动力的电动汽车代替燃油汽车，从而让电动汽车从日趋昂贵的燃油汽车中抢夺越来越多的市场占有率。如今，随着特斯拉以及各大汽车巨头如宝马、大众和尼桑的新能源车的诞生，让普通消费者接受电动汽车等新能源汽车变得越来越容易。

据预测，截至2020年，全球范围内将售出超过4 500万辆两轮和四轮车，包括电动汽车、电动公交车和电动无人车。如果考虑到科技的创新和政府对于基础设施的补贴，这一数字很可能远不止于此。现在，全球每天会有超过3亿辆的电动两轮或四轮车在路面行驶，其中 80% 的两轮车是在印度和中国已经被广泛使用的电动自行车。

接下来，有 54 家汽车公司预计会在全球范围内推出超过 115 种电动汽车车型，这与先前出现的从计算机磁盘存储器到个人电脑，再到智能手机的爆炸性发展的情形极为相似。仅仅中国的汽车制造商们就已计划着在 2015 年前推出 30 款新型电动汽车。

如果说，过去电子科技爆发式的发展轨迹可以带给我们一些启示的话，那就是，电动汽车行业也将很快成为一个竞争激烈的领域。在电动交通普及的浪潮中，会涌现大量的科技创新、大量公司的一夜暴富或破产、电池的价格跳水和不可避免的公司重组，那些在市场中没有竞争力的公司将被迫退出，或被"吃掉"。与此同时，也会涌现一些资金充裕、实力雄厚，并且能够改写这个时代的大公司。我们每一个人都将成为这股浪潮受益者。

电动交通不仅仅局限于汽车

电动交通的普及将会重新定义 21 世纪的个人活动。举个最显而易见的例子，到加油站的行程将会被以下新的行为所代替：在家中把汽车停入充电设备中进行整夜充电；或将车停在车道上某一特定地点，用地下的充电感应装置进行无线充电；抑或是停靠在公共充电站快速充电。这些都将微妙且深刻地改变我们的驾驶行为，也会延长目前电动汽车有限的行驶里程。也许你会问，现在如何解决长途旅程中为电动汽车换电池的问题？高速公路边什么时候会有快速充电器？虽然目前我无法回答你的这些问题，但我相信很快就会有答案，而且它们会让我们的生活更加便捷。

无论这一改变的过程会为我们的生活带来多大的不便，但好消息是，电动交通工具将实现人类要让交通工具零排放的愿望，而唯一的二氧化碳排放只会来自驾驶者本身。

目前，一辆 22-24kW 雷诺风朗（Renault Fluence）或日产聆风（Nissan Leaf）的电动车的电池售价大概在 12 000 美元，相当于一款传统轿车的售价。这也预示着电动交通业的发展将为电动车租赁这一全新的行业创造机会。和手机话费的"现买现付"（用多少付多少）的合约相似，租车的费用将取决于你实际的用车情况：如果你每天开 160 多千米，你可能每月为租车、充电支付 500 美元；可如果你一天只开 84 千米，那么很可能每月只需要支付 350 美元。

另外，随着电动汽车需求的增加，锂离子电池的市场很可能会快速增长，而且这项技术将成为增长最快的清洁技术。现在，一个轻型电动商用车制造商，比如英国的 Smith 公司，一年要为其生产的电动车购买 10 万个电池组。设想一下，到 2020 年，全世界将有 1 000 万辆四轮电动汽车，你是否应该考虑购买锂离子电池产业的股票了呢？虽然这是一个朝阳产业，但大家还是要注意一点，和先前所有的高科技产业一样，电池产业也会经历大起大落的兴衰循环，大批商家将会在竞争中被淘汰出局，所以投资需谨慎。

正如以往重大科技的出现都会打破现有的市场格局一样，电动交通业也将吸引一大批新的商家加入这个市场。它们将建立新型的商业模式，来提供大量新颖的、极具创意的基础设施和技术解决方案，我将这些商家称为"电动交通集成商"。如同石油公司可以在汽车生态系统中赚得盆满钵满一样，电动交通业的主要投资机会在于电力公司、充电站制造商和能够提供全方位汽车业务和租赁套餐业务的公司。比如，电气大亨百思买集团在 2010 年 4 月向外界宣布，该公司除了销售 Brammo 电动摩托车外，还将会在其拥有的 1 100 家门店中的几个门店为福特和三菱等汽车公司全面销售电动车充电设备和相关服务。另外，门店中还销售一款标价超过 10 万美元的零排放的汽车特斯拉 Roadster EV。

电动交通的发展前景

在这场电动交通革命的浪潮中，你的机会又在哪里呢？其实，机会到处都是。当今世界，每 9 个人中就有 1 个人从事汽车领域的相关工作，这是一个十分惊人的数字。而且，随着有百年历史的内燃机面临着被淘汰的危险，传统汽车行业正在加快步伐适应新的趋势，这意味着全球主要汽车制造商们的各个业务层面将会出现新的工作机会。然而，过去的发展规律告诉我们，这些巨头们不可能全面掌控全球市场，它们必定会为其他电动交通业务厂商打开大门。这些厂商不仅仅是新型汽车和汽车动力传动系统的生产者，同时也会涉足如新基础设施、电池、充电站等工业和零售产业链。

这样一来，我们就有理由期待更多的商家加入到这个市场中来，"电动集成商"式的商业模式（见图 2—1）也应运而生。这一模式的设计和电信业的商业模式很相似，企业将会以量身定制的模式向顾客打包出售电动车、电池和充电站，甚至在有些情况下，还可以签约电池更换合同。

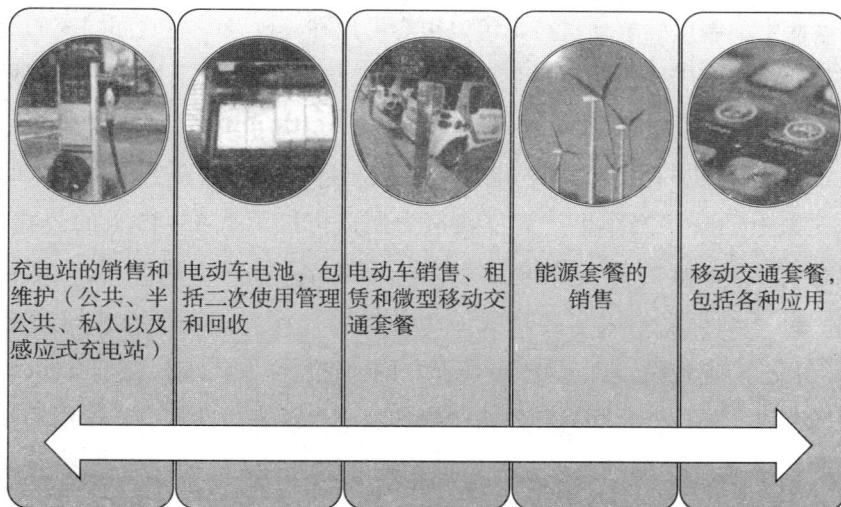

| 充电站的销售和维护（公共、半公共、私人以及感应式充电站） | 电动车电池，包括二次使用管理和回收 | 电动车销售、租赁和微型移动交通套餐 | 能源套餐的销售 | 移动交通套餐，包括各种应用 |

图 2—1　电动交通市场中，电动集成商可以提供的产品示例

图片来源：Dreamstime

资料来源：弗若斯特沙利文公司

图 2—1 中有一点没有显示出来，即在所谓"二级"和"三级"汽车市场中，存在着更多的获利机会。看看你周围那些基于燃油汽车文化的全球巨头行业吧，杂志、电视、修理说明书、零售产品以及售后市场升级，甚至连加油站、饭馆和汽车旅店的地点都和发动机的行驶里程息息相关。从某种层面来说，就连我们把房子和社区建在什么地方，也取决于发动机。所以，这些都有被替代的危险，或者说至少必须快速适应电动交通的新趋势，而这也意味着将会出现无数的商机出现。

从两轮车到六轮汽车全面实现电动化

电动交通行业中一个很重要的盈利点是我们在发达国家中很少会想到的——两轮电动车。其实，在这方面会产生相当多的财富。

2010 年，全世界售出的电动两轮车超过 2 500 万辆，其中 90% 是电动自行车，而这之中有 90% 是在中国售出的。

中国是世界上最大的摩托车制造国，每年制造超过 1 000 万辆的自行车。电动自行车在中国获得了高达 50% 的市场份额，是很有潜力的。你可能还没有注意到，这些中国制造的电动自行车可以很容易地在美国及一些欧洲国家的沃尔玛超市和其他零售商店，比如百思买买到。当然，在电动维修、配件等领域里也存在现成的商机。

到 2016 年，我们也会看到，电动公共汽车将行驶在世界上很多地区的公路上。大多数电动公共汽车生产商都在努力制造可以承载 35~45 人的公共汽车，而一家名为 Ponterra 的美国公司已经成功研制出了可以承载 65 人的纯电动公共汽车，并开始提供给来自各个大城市的运输公司。一辆配有快速充电站的 Ponterra 公交车预计售价在 50~75 万美元之间。这些车和传统公交车没什么不同，但它的经营成本却更低，同时还能减少噪音和空气污染。这家公司使用的商业模式甚至引起了通用汽车公司私人股本部门的注意，并对电动公交车制造进行了投资。

综上所述，预计 2018 年将会是汽车行业的一个分水岭：电动汽车和电动卡车将取代传统的燃油动力车，成为汽车制造商的主营业务。从混合式电动自行车被大众接受的程度来看，电动汽车、电动卡车和电动公交车的推广速度会更快一些。这将推进汽车行业相关的立法，而且由于全世界关于二氧化碳排放量的立法将会在这个时间段生效，包括欧盟制定的每千米二氧化碳的排放量不超过 95 克的严格标准也将被执行，再加上石油价格的不断走高和电池技术的成熟，我们很可能会看到这样一种局面，即每一辆高量级混合车（如丰田普锐斯）将变成一辆可以随时将电源插到墙上进行充电的混合式电动车。与此同时，第二代电动汽车也会进入市场，每一次充电将确保它们的行驶里程数大大增加。这一改进将让电动汽车首次成为很多家庭的主要用车，而不仅仅只是作为备用车。到那时，电动汽车的销量会有一个飞快的增长。全世界的汽车文化将变成电动车文化，我们的生活方式和习惯等也将随之发生变化。

请各位注意，目前比较普遍的观点认为，电动汽车会在接下来十年的前半段时间内实现腾飞。然而我们的预测却正好相反，其快速的增长将会出现在这个十年的后半段。正如马龙定律中所说的那样："重大的科技革命的到来总是比我们预期的晚，而又往往在我们没有完全准备好的情况下发生。"这句话的后半句和前半句一样重要，正是由于缺乏准备才使许多商家拥有了创造巨额财富的难得机会。

无线充电

其实，在未来的电动交通市场中有一个最可能盈利的商机我们一直没有谈到，那就是充电站的建立、安装和维护。在电动交通推广的前几年里，市场上每售出一辆电动车，就会相应地配套 2.5 个充电站，但是，这一比率将在几年后下降到 1.7 个。到 2020 年，全世界每年要售出 1 000 万辆电动车，这同时意味着要配置 1 700 万个充电站，这些充电站将被主要设置在比如私人公寓、办公室等半公共场所以及如火车站、菜市场、机场等纯公共场所。当然，停车场里是最多的。

设立充电站的项目本身也将提供巨大的商机。一个二级半公共场所的充电站或公共场所充电站所需硬件的售价在 2 000～3 000 美元之间，而安装的费用几乎和售价相当。作为一个电气工程师，我可以告诉你，其实这些硬件的生产成本不过是几美元而已，而在建立充电站的过程中，由于涉及公私合作伙伴关系模式，再加上政府提供的财政补贴，使得这个市场在目前有着相当大的利润空间。然而这种商机并不会永远存在。

将来，无线充电这一新技术会使我们对电动车刮目相看，通常人们又将它称为感应式充电。这种充电方式无需用插头接上电源就可以为你的电动车充电，而你要做的只是将车停在一个固定的地点，已经嵌入停车场地面的充电系统会自动与你的车连接。之后，根据你事先与电力公司签订的充电合同，在你晚上休息的时候将你第二天上下班需要的汽车用电充好。人们预言，感应式充电将会是未来十年里最令人振奋的科技成果之一，它给人们带来的影响就相当于当年手机的出现对传统固定电话的冲击。具体来说，感应式充电会让我们更加方便地使用电动车，也能让我们的日常生活更加便捷。正是由于这一优势，使它能够得到大规模的推广。正如手机的普及使千千万万的人不再依赖固定电话，感应式充电技术带来的种种方便，也会促使你考虑将现有的燃油汽车换成一辆电动车。更有意思的是，无线充电也正在应用于为手机充电，而有线充电很有可能即将成为历史。

从摇篮到坟墓

另一个重大机遇将出现在电池的二次利用和回收上。一块电动汽车电池可以使用 4~5 年，其间如果在使用 80% 的电量后充电，可以循环充电大约 2 000 次，运行 80% 的电量，之后这种电池将不再适于使用。尽管如此，相对一个 22kW 的电池来说它仍然值 4 000 美元。因为这种电池作为重要的备用电源，可以应用于其他地方，比如，用于海上石油钻井平台安装设备，用于农村地区可再生能源发电的存储，用作公共交通工具或商用车辆暖通空调系统的自动防故障装置的备用电源等。这种电池还可以应用于数据存储中心、风能和太阳能发电厂以及一些特殊的地方，比如电站调峰。这一系列的转换必定需要有中间人进行协调。

再过 10~12 年之后，人们会回收这些电池，并提取其中的金属，如镍、铜、钴、锂以及其他贵金属用作他途。根据弗若斯特沙利文公司的分析，预计到 2020 年，全球电池回收市场将创造超过 2 亿美元的收益。这对于回收行业来说，是极具吸引力的。

其实，在电动车电池应用的最初阶段，就已经蕴藏巨大的商机——电动交通的推广已经对一些贵金属，比如锂的原材料市场产生了深远的影响。试想，如果下一个十年中，对锂的需求量将是现在的十倍，这就意味着到那时，全世界 40% 的锂将被用于制造电池，这就会使锂成为一个极为重要的化学元素。当前，世界 70% 的锂分布在南美洲的阿根廷、玻利维亚和智利地区，而被用于制造重要发动机和电池部件的贵金属矿区主要分布在中国。所以，围绕着能源归属权而产生的地缘政治紧张也会在下一个十年中突显。但幸运的是，我们大可不必担心锂资源会很快被开发殆尽，因为，目前锂的开采量还不足全球已知储备量的 1%。

电力公司会成为新的石油大亨吗

　　人们普遍认为，电力公司会是这次电动交通浪潮的最大受益者，他们会成为本世纪的"石油公司"。

　　然而事实也许并非如此。在美国，每单位电量的售价是 8 美分，在欧洲则是 18 美分，而且目前还没有出现过电力公司向汽车直接销售能源的商业案例。未来十年，电力公司暂时还不需要因为电动车的推广而建立新的发电站。假如一个地区或城市拥有 25 万辆电动车，那目前已有的发电能力完全可以满足市场需要，这实在是有些出人意料。近几年来，我们曾参与过几个有关电力公司的咨询项目，发现了这样一个现象，对于电力公司来说，最赚钱的业务是电动车充电站的销售、安装和管理，最重要的业务则是根据顾客的充电记录来平衡非高峰时期的电量负荷。比如，在澳洲的一家电力公司的项目中，我们发现，典型的电动车客户一般也会是家用热电联供系统（Combined Heat and Power, CHP）的早期使用者。一套普通的 CHP 系统的总价是 15 000 美元，其中利润占 25%，对于电力公司来说，关注这一部分利润比直接进入电动车市场更有前途。因此，虽然看上去发电站与电动车之间似乎有着一定的逻辑关系，但是也许在现实中按照这个逻辑来办事并不可行。对于很多电力公司来说，什么都不做可能比盲目地进入这个市场会获利更多。

　　电动交通被广泛应用的这一大趋势将会影响到现代经济的所有领域。每一个行业都可以从中找到新的利润增长点，就连像飞利浦这样的灯泡制造商也可以在其中分一杯羹，因为节约能源是使电动车被广泛接受的根本原因，同样，安装在车内的、具有节能优点的飞利浦 LED 灯泡也将会很受欢迎。提供测试和测量设备的供应商也将推出新设备来满足电动汽车市场的需求。IT 公司可以开发并推广电动交通 IT 平台。除此之外，像金霸王电池这样的公司可以将自己品牌的冠名权授予充电站，甚至还可以将二次回收的电池应用于家用电器。总而言之，商机到处都是，只要你有足够的敏锐度。

最近，我们结识了一家以制造电梯电动机为主要业务的公司。该公司的管理层在研究汽车行业发生的新变化时，突然意识到，他们生产的电动机不仅具有高转矩、零噪音的优点，同时还保持着良好的安全可靠性记录。如果用做汽车发动机一定会有较大的优势。

如果上述情况真的出现，即每一个行业都可以从电动交通大趋势中受益的话，那么所有的企业都应该马上对自己的企业从宏观到微观层面重新审视一番，研究一下自己的公司与电动交通市场的契合点在哪里，什么时候进入这个市场最恰当。不要将研究的范围仅仅局限于目前已有的业务上，只想着如何满足现有客户的需求，而是应该到更广大的范围中去寻找商机，以自己产品独有的优势进入这一市场。

驾驶电动汽车或电动自行车使我们的生活方式在不知不觉中发生了变化。例如，为超过 160 千米的旅行制订特别计划；从每周去加油站加油变为每晚在家里给电动车充电……然而这其中的启发或许远不止于此。毕竟，当前大多数的建筑和基础设施的设计，包括我们居住的房屋、办公室、学校和整个城市都是根据如此糟糕的环境——汽车的噪音大、排出的废气味道难闻，且含有有毒物质，而且还有爆炸的潜在危险所孕育而生的，它会给我们带来更多的启发。

现在你可以考虑一下，如果汽车、卡车、公交车和摩托艇的这些潜在危险都没有了的话，情况会发生什么变化呢？你还需要一个用防火墙隔开的车库吗？还需要户外停车场吗？每次过马路的时候，除了快速地扫一眼路况还需要关注别的吗？

NEW MEGA TRENDS
IMPLICATIONS FOR OUR FUTURE LIVES

03

至零方休的创新

本章所描述的趋势和其他章有所不同。"至零方休的创新"并不是一个大趋势，而是一个大的愿景，它更像是一个概念，而不是一件真正即将发生的事情，它是人类所追求的完美愿望，即拥有一个充满"零概念"的世界——零碳排放、零犯罪率、零事故以及碳中和城市。尽管这听上去非常完美，而且似乎不可能实现，但重要的是，当今各国的政府和企业家们都正在朝着这一完美的愿景努力，在这一愿景中将没有错误、没有缺陷以及其他任何负面的外部因素。在这条道路上，企业和政府也会面临巨大的挑战和机会。从某种程度上来说，也许这个目标在下一个十年都不会实现，也许永远也不会实现。然而，它却是人类社会的终极目标，哪怕我们只完成了目标的一半，那也将是巨大的进步。对整个人类社会来说，这也会是巨大的飞跃。

"至零方休的创新"这个说法，我是从比尔·盖茨那里"借"来的，用来描绘这个充满"零概念"的世界。在 2010 年 TED 演讲上，比尔·盖茨在谈到一种利用贫铀的技术——"行波反应堆"（Travelling Wave Reactor）的时候首次使用了这个短语。自从那次演讲之后，我在很多不同的地方都听到过类似的说法，如百事可乐公司的"至零之路"（Path to Zero）计划，沃尔沃汽车的"零汽车事故"，尼桑的"零排放"电动汽车以及最近英国老牌零售百货公司玛莎百货（Marks & Spencer）在斯里兰卡建立的"碳平衡"内衣工厂。

我们和一些专家，如乐土公司的创始人夏曦仪（Shai Agassi）以及弗若斯特沙利文公司董事长大卫·弗里格施塔德先生探讨过相关问题，也做了进一步的研究和调查，这些都让我联想到一个更大的"至零方休的创新"浪潮，而不仅仅是比尔·盖茨所说的"零排放技术"。我们设想出了一个充满了"零概念"的世界，在那里，"至零方休的创新"几乎可以适用于每一个领域：零排放技术、零废物、零事故、零缺陷、零安全漏洞、零二氧化碳排放（碳平衡建筑和碳平衡城市）、零肥胖、零犯罪，甚至是零疾病。我们预测，在下一个十年中，许多组织会在他们的项目研发、计划和执行中提倡和推广这一理念，并朝着"至零方休的创新"方向发展。

零能耗城市——世界上的碳平衡之都

零废物，零污染，或者是零二氧化碳排放，它们是当今有关"零"倡议中提到最多的几个概念。它们已经存在了很多年，估计还会一直存在下去。显而易见，它们之间的共同性，就是节能以及抑制气候变化，而这都和可持续发展这一概念相关。然而值得注意的是，零废物的概念正在被逐渐接受，原先仅仅指个体减少废物的排放，如今已经扩展到了整栋大楼甚至整个城市。

零废物：从摇篮到摇篮

零废物，顾名思义，就是指完全彻底的回收。同样，这个概念也不是一个新概念。企业、家庭、楼宇甚至是城市和政府，一直都在宣传减少二氧化碳排放的重要性，因此减少废物的需求也越发强烈。关于零废物的定义，最准确的莫过于由零废物联盟（Zero Waste Alliance）给出的定义："零废物是一个合乎道德的、经济、高效且有前瞻性的目标，它引导人们改变生活方式和日常行为，从而模仿自然界可持续发展的循环模式。"他们还说，如果一个垃圾场90%的垃圾能够得到回收和再利用的话，就可以被认为是零废物，或者说十分接近。但我们仍然相信，真正 100% 的零废物是可以做到的。

零概念已经在全球范围内被不同经济体、不同的组织在不同的层面得以运用。2012 年，欧盟发起了一项名为"欧洲零废物之路"（European Pathway to Zero Waste，EPOW）的项目，这一项目将英格兰东南部地区作为试点，由欧盟的一家金融机构 Life 提供赞助，采取各种手段减少废物的产生，并以此作为欧盟其他地区的参考标准。通过实践"4RS"即减少（Reduce），回收（Recycle），利用（Reuse）和重获（Recover），倡导资源的可持续利用，项目的最终目标就是在 2012 年底建立一个"全面再循环"的社会。

净零能耗建筑：零"家庭改善"

净零能耗建筑，顾名思义，它指的是一个建筑一年的能源消耗或二氧化碳的排放量达到零。通过建立智能系统，充分利用如太阳能和风能等可再生能源，或者采取一些其他的节能方法，帮助建筑脱离电网，并且可以从自身获取能源，从而使建筑的运营实现碳中和。目前，很多企业、城市甚至是国家都在朝着这个目标努力。

在所有国家为建成零能耗建筑所作的努力中，美国的做法是最值得称道的。不仅仅是因为这个国家有引以为傲的建筑规范，能够确保减少碳排放，还因为美国的政府部门为此做出了很好的表率。2009 年 10 月，奥巴马总统的 13514 号总统令明确规定，50 万栋联邦政府大楼必须在 2030 年实现碳平衡。除此之外，美国能源部出台的"零能耗商业大楼倡议"（Commercial Building Initiative，CBI）中也明确要求美国本土所有的商务大楼在 2050 年实现碳平衡。美国能源部和一些研究机构、实验室积极支持并推动了这一有开拓意义的国家之举，使美国成为零概念倡议的领跑国家。

碳中和城市：到达"零"终点

所谓碳中和城市，就是指一座城市能够将自己排放出的二氧化碳完全吸收，换句话说，也就是一座城市一年的二氧化碳总排放量为零。这听起来有些不可思议，然而全世界范围内的很多国家都在大胆地采用这一战略。开始时仅仅是提倡零废物，而现在这一概念已经被扩展并应用于整座城市。通过这一举措，城市的管理者希望能制造"零相关的机会"，改善基础设施，减少碳排放，创造出一个可持续发展的商业模式，并且成为世界上很多类似城市争相效仿的对象。

哥本哈根2025——世界首个碳中和首都

想象一下，这是哥本哈根将来的某个夜晚。在一家碳平衡餐馆享用完几杯碳平衡啤酒和一顿低热量的晚餐后（哥本哈根对垃圾食品征税很高，而且也制订了成为零肥胖城市的目标），你骑着自行车回到你的碳平衡公寓。之所以选择骑自行车是由于政府推行了5分钟出行项目，设立了专门的自行车道，因此骑自行车会比开车更快。

你家所在的这栋公寓的电力靠太阳能或风能供给，而且供暖系统是靠季节性高温蓄热来实现的，即利用先进科技储存夏季的热能供冬天使用。回到家中后，你打开洗衣机，让它在你睡觉的时候工作，这样就可以享受非高峰时的用电优惠，而且智能电表帮助你把洗一桶衣服所花费的电费减少了一半。就这样，你度过了一个名副其实的碳平衡夜晚，唯一对环境造成伤害的来源以及唯一的二氧化碳排放来源就是你自己。

丹麦首都哥本哈根有一个很有魄力的计划，即在2025年成为世界上第一个碳中和首都。为实现这一目标，哥本哈根市制定了阶段性指标，即力争在2015年，使二氧化碳的排放量下降20%，这相当于减少了50万吨碳排放；在2025年，彻底做到城市碳中和。为达到此目标，哥本哈根向市民提出了多达 50 个倡议和 6 个灯塔项目，其中的每一项内容都有确切的减排指标，详见图 3—1。

为达到目标，哥本哈根提出了以下一些倡议。

● 城市中 50% 的市民骑自行车上下班、上下学。

● 2015 年前建成 14 个新公园。

● 目前城市中有 14 个风力涡轮机，到 2025 年至少增加至 100 个。

● 通过为公共交通和自行车设立特别车道缩短行程时间。

● 购买 200 辆电动汽车，到 2015 年，85% 的市政车辆将会使用电动汽车。

● 推进电力和氢能源基础交通设施的建设，给予电动车购买者 100% 的免车辆注册税的优惠。

● 建立拼车俱乐部，降低私家车拥有量。

● 使用智能电表，让市民有机会在夜间使用绿色能源。

● 从火电向风电转变，同时利用太阳能和地热能供暖和发电。

这些倡议促进了公共部门和私营企业之间的合作，尤其在基础设施建设方面，创造了多种合作机会，并为全世界作出了良好示范。城市的管理者正在推进与能源企业、基础设施开发商和公共机构之间的合作，尤其是在交通领域、能源供给以及建筑重修领域里的合作，同时也在和社区紧密合作，普及低碳生活的理念，寻找合作机会。

不妨计划一下，到这个世界上第一个碳中和的首都哥本哈根度个假吧，那里是欧洲最干净的城市，也是最适宜居住和生活的城市之一。

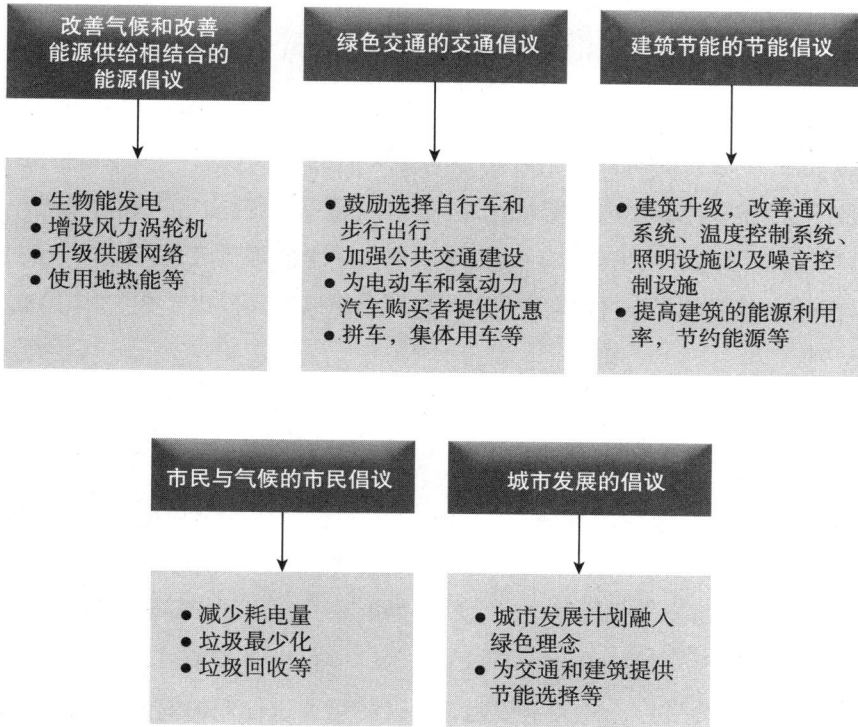

图3—1　哥本哈根关于 2025 年成为世界首个碳中和城市的倡议

资料来源：弗若斯特沙利文公司

工作中的零概念：更快、更安全、更灵活的"零"工作文化

零纸张（无纸张办公室）、零停休时间、零配送延误、零客户投诉以及零等待时间，这些是工作中常见的零概念。在未来，职场中将出现更多的与零概念相关的环节。

零工时合同：无束缚的工作

"至零方休的创新"在未来也将适用于企业文化。随着新科技和新的社会人口趋势（如 Y 一代和老年人）的出现，会导致对不同种类的、灵活的工作环境需求的增加。"零工时合同"恰好可以满足人们的这一需求。这样的一份工作合同可以使雇主们根据需求来派遣员工的工作，而不是硬性规定一周的工作小时数。员工只在被需要的时候工作，而雇主除了支付一定的预付底薪外，只为员工的工作小时数支付报酬即可。这种形式的合同将会使退休人群以及想打零工赚外快的学生们受益。

零事故：超级零援救

"零事故"或"零职业危险"是目前很流行的一个企业战略，它的目的在于为员工创造一个安全的工作环境。这对制造业来说尤为重要，所以当看到壳牌石油公司在英国石油公司泄漏事件发生后开始反思并提出了"零事故"理念的时候，我一点也不吃惊。壳牌公司设立了一个名为"零目标"的项目，旨在实现工作中零伤亡、零事故的目标，并且希望能够通过持续改进他们的安全文化来实现这一终极目标。为此，壳牌公司制定了 12 项救生法则，并设定了公司的安全日。并且，他们还在卡塔尔的珍珠天然气制油项目（Pearl GTL gas to liquid）中创造了令人惊讶的 7 700 万个小时无事故的纪录。

零等待时间、零邮件以及零孵化期

由于对视频直播媒介以及数据及时获取的需求，我们会在未来的企业界看到一些关于"零等待时间"概念的出现。它们的出现意味着，在获取关键信息和分析利用这些信息时，将不再有时间差。由于与外部环境实现连接，这些概念的出现会带来"零周转期"，从而加快商业决策和商业过程的速度，甚至可以做到实时跟进。

为了减少在收发邮件时不必要的时间浪费，法国的源讯公司（Atos S.A.）近日制订了一项名为"零邮件"的计划。发起这一计划的原因在于，他们发现，每天工作中收到的邮件只有 10% 是真正有用的。目前这项计划只适用于公司内部的邮件交流，而代替邮件的将是协作型、创新型的社交媒体工具（Atos Wiki），包括及时通信工具、网络视频会议、应用程序共享和一个模仿 Facebook 的界面。

先进的科学技术可以让"零时间"概念融入到一些想法中，并使之商业化，从而实现"零时间企业孵化"（Zero Time Business Incubation，ZTBI）。新型的高级基础设施服务、IT 服务以及专业服务将会使一些想法很快转变为企业策略，甚至转变为"零时间"的新产品和新业务。"零时间企业孵化"将会使一些如在线网络界面、文件资料共享、实时市场调查之类的工具不仅应用于此，而且还可以应用于其他领域，如"零管理缺陷"、"零处理时间"以及"零知识缺陷"等。

工作中还有一个和零相关的概念——"零容忍"，其目的是为了防止在工作中的不恰当行为。如今，它已经应用于一些企业中并得到了有效性验证，因为它可以监控工作干扰、行为规范甚至是工作质量等事宜。

零邮件的最佳实践

1993 年，我在印度开始了我的职业生涯。那时，我在一个政府机构工作，我们内部交流的主要方式就是通过手写的或打字机打出来的小便条进行。每天，我都会收到无数份文件，我需要挨份审阅并作出反馈。后来，电子邮件取代了原有的方式，让我很高兴，因为这大大提高了我的工作效率，而且不用手写了。然而，随着时间的流逝，我逐渐变成了电子邮件的奴隶。我平均一天要看 250 封电子邮件，从早 7 点到午夜，不管是周末还是工作日，在卫生间、汽车里、火车上、机场候机厅，甚至是在看电视插播广告的时间里，我都在查看邮件，因为同事和客户都需要我作出及时的回复，而这些与工作相关的邮件只占到了全部邮件的15%。结果是——我得了"电子邮件恐惧症"。我确信，当电子邮件的发明者、被称为"E-mail之父"的麻省理工大学的研究生雷·汤姆林森（Ray Tomlinson）发出世界上第一封电子邮件的时候，他肯定想不到这一发明会产生如此大的副作用。值得庆幸的是，一些公司已经想出来应对这一问题的办法——一个"零邮件"交流的计划。

"零邮件"一定会成为下一个十年工作领域"至零方休的创新"举措中最受欢迎的概念之一。它的目的不是在于减少交流，恰恰相反，它旨在通过运用新型媒体工具来加强企业的内部交流，让每一位员工可以在任何地点，通过使用一些最有效的交流工具来完成工作任务。

杜臣纳特（Duchenaut）和瓦茨（Watts）用档案柜、生产线和交流方式这三个词描绘了电子邮件的主要功能。你可能会问，如果一个企业采用了"零邮件"举措，上面的这三个功能将如何实现呢？源讯公司的例子说明，这是完全可以实现的。源讯公司是欧洲最大的IT服务公司，他们在2011年2月开始实施"零邮件"计划，并且巧妙地找到了解决方案。通过运用可以替代电子邮件的社交媒体工具，该公司希望能够在2013年完全实现公司内部交流"零邮件"的目标。通过此举，源讯公司希望提升社会幸福感、提高生产率，并且为他们的客户创造可持续的商业和更多的创新服务。除此之外，最重要的就是彻底改善他们的工作环境。

为了达到"零邮件"的目标，源讯公司正在寻找一种有效的方法来应用Enterprise 2.0的工具和服务，也就是指能够在工作环境中使用新一代交流方式和社交网络工具。与此同时，源讯公司还在尝试更好地利用电邮以及对已有工具的更广泛使用。这些已有工具包括一个叫做 Yammer 的微博平台，一个叫做 Mindmeister 的在线思维导图工具，一个企业维基（Enterprise wiki）和一个文件管理系统，它们能够帮助人们在工作中实现交流沟通、项目管理和社区写作，甚至是评审和审批过程。源讯公司预计，Enterprise 2.0 将把以上所有工具的功能集合为一体，最终取代电子邮件。

源讯公司十分小心谨慎，公司需要确保 Enterprise 2.0 的应用能够符合其业务的自然发展。为了实现"文件柜"的功能，每一个部门都可以进入一个单独的、包含所有文件和交流记录的信息库，每一位员工都可以查看所有信息，而信息库的筛选功能可以帮助员工找到特定的文件或数据。Enterprise 2.0 还可以将所有的电子邮件交流转换成利用数据混聚的信号。除此之外，wiki 界面可以使员工通过一个社交网络平台实现交流，让员工实时看到关于项目警示、报告审阅、项目进展情况的更新，这样也就实现了邮件的"生产线"功能。至于最后一项交流的功能，微博、讨论区以及 Enterprise 2.0 平台将完全可以满足以往用邮件进行交流的需求。

对于源讯公司来说，他们的目标不仅仅是成为"零邮件"公司，同时也希望通过此举来提高工作流程的效率，抑制电子邮件超载的现象。

2011 年 11 月 11 日，全球发起了"零邮件日"的活动。我自己也很想加入这个活动，但是我十分害怕看到之后的那一天，邮箱中有无数个来自同事和客户的未读邮件的情形。我真希望源讯公司的"零邮件"计划能够在每一天都出现。

至零方休创新理念的启示

"至零方休的创新"理念可以适用于各个行业，比如，零售业、制造业、能源行业、汽车行业、医疗行业和物流行业等。

零售业

2020 年，人们在购物的时候可能会光顾一些"零碳排放商店"或者是一些履行"从设计到橱窗零时间"理念的商铺，以及一些"零折扣"的店家。

"零碳排放商店"，顾名思义，指的是那些二氧化碳排放量为零的零售店。

"从设计到橱窗零时间"指的是根据需求，对一件服装进行持续改良，因此橱窗中的衣物始终会紧跟潮流。这将会导致一些新模式的出现，比如直接在零售店内完成服装的设计、剪裁和完工，每周 2～6 次的航空送货到店，直接采集店铺的销售数据，以及运用分析软件对每日产品销售情况及客户反馈进行分析。Zara 已经通过此举完善了其商业模式，这种商业模式能够保证每家店每周两次更新货品，这也意味着，一年中将有 2 万件新品送到每一家店铺。

"零折扣"的概念或许并不那么招人喜欢。但请设想一下，如果你中意的服装品牌在全球连锁店的销售价格都是一样的，全年零折扣，会是什么感觉？

一些店铺还可以实践"零收缩"理念，它意味着铺店不会因为扒手、员工偷窃、供应商诈骗以及管理失误而带来任何的库存货物缺失。

制造业

2007 年，沃尔沃卡车公司宣布，在比利时根特建立世界上第一个"碳平衡工厂"。"碳平衡工厂"或"净零排放工厂"这一概念的出现让人们眼前一亮。而且，沃尔沃还预计，要在不久的将来让其在全球的所有工厂都成为"碳平衡工厂"。无独有偶，玛莎百货也有类似的计划，即通过在其工厂和其他制造部门利用可再生能源、节能设备以及废物最少化技术，到 2012 年完全实现碳平衡。目前，他们工厂的耗电量比一个普通的工厂少 40%，2012 年彻底实现碳平衡指日可待。

从零缺陷到制造完美产品

　　"零缺陷"估计是制造业所有"零"概念当中最先产生的一个。这一概念最早出现在 1982 年全球质量管理大师菲利浦·克劳士比（Philip Crosby）的质量改进项目的 7/14 个步骤中。"零缺陷"最初指的仅仅是一个提高质量的机制，经过不断的发展，到今天，这一概念已经成了一个很多企业都在使用的、成熟的商业策略。第一个关于"零概念"真正的应用，出现在 20 世纪 60 年代丹佛分公司的一个关于泰坦系列运载火箭项目的质量控制方案中。然而，这一项目更像是一个鼓励性的实践，而不是一个真正的质量控制项目。因为在当时，100% 的零缺陷被质量控制专家们认为是不可能实现的。那个项目以失败告终，因为它仅仅被理解成是一个项目，而不是一个要用于管理企业的、需要不断创新的方法。

　　今天，"零缺陷"概念的各种变体已经在各行各业的生产策略中出现，其中最知名的一个莫过于摩托罗拉公司在 1986 年提出的"六西格玛"（Six Sigma）战略。这一战略是一个典型的统计模型，能够保证工厂生产出的 99.999 66% 的产品是没有缺陷的，这相当于每生产 100 万件产品，只有三四件是残次品。"六西格玛"很快成了制造业里一个众人皆知的词汇，直到今天依然如此。

　　"零缺陷"、"零故障"、"零错误"等概念的精髓其实很简单，即通过创新来制造完美无缺的产品，这是一项需要严控质量和标准的策略。对医药制造和医疗服务行业来说，它格外重要，因为如果"零缺陷"真的能够实现，那将会拯救更多人的生命。

能源：零碳排放国家

　　前面提到过，"至零方休的创新"是比尔·盖茨在 TED 演讲时提出的一个口号，用来描述一种零排放的技术，即泰拉能源公司（TerraPower）的行波反应堆技术。泰拉能源是比尔·盖茨成立的一家新兴能源企业，他们运用了一种特殊的方式，即和国家而不是和一些融资企业或基础设施企业，进行核技术的应用交流。2011 年 12 月，盖茨向中国介绍了他们的第 4 代技术。第 4 代技术使用了一种反应堆，能够使贫化铀缓慢燃烧近 40 年。泰拉能源公司计划，他们的第一家工厂将在 2020 年正式运行，除了运用核技术实现"零排放"，其他一些常见的零排放技术还包括风能、太阳能、地热能和海洋能等。

另外，许多城市还产生了"零输电配电损失"、"零用电限制"以及"零能源盗窃"等概念。这些概念正在由理论逐渐变成现实，最终将实现能源传输无损失这一目标。

"2020 英国零碳排放"是英国制订的一个计划，是由一个澳大利亚的非营利组织提出的倡议，目的是彻底摆脱矿物燃料的使用以及对进口能源的依赖。它还有一个有趣的名字叫做"超越零排放"。

汽车与交通业

"至零方休的创新"在汽车行业里已经获得了很好的实践效果，它不仅帮助汽车公司保持旺盛的竞争优势，而且还帮助这些公司销售了更多的汽车，创造了更多的商业价值。沃尔沃公司和奔驰公司已经从他们的"零事故"设想中获得了巨大的利益。大陆汽车系统（Continental Automotive System）是一个辅助驾驶产品和安全产品的领先供应商，他们正在制定的"零事故"（Vision Zero）策略不仅融入了一些能够在事故发生后挽救生命的产品，比如气囊和安全带，而且还采用了一些先进的技术，能够在第一时间避免事故发生。这些辅助驾驶技术和安全技术可以在必要时超越于驾驶者的操作，就好像在事故即将发生时，即使你没有踩刹车，紧急刹车系统也能帮你将车停住一样。当你第一次在试车跑道上尝试这项技术时，可能会觉得很害怕，但它确实能够在关键时刻挽救你的生命。

日本的一些汽车公司，如丰田和尼桑，已经将零排放驾驶这一概念提升到了另一层面，他们正努力追求并实现零排放的目标。当年，丰田汽车公司在发布世界首款混合动力车"普锐斯"时，抢尽了风头，而他的竞争者尼桑并不满足于纯粹效仿丰田的混合动力车，他们投入了 50 亿美元，用于研发零排放的电动车。"丰田，你们输了！"尼桑如是说，"因为你们的混合车还没有做到完全零排放。"现在本田也要推出一款氢动力汽车，从而使他们有超越尼桑和丰田的优势，那就是真正实现"从零油井到车轮"的汽车，也就是所说的"环境友好型汽车"。

医疗行业

为了减少医疗开支，全球的医院都正在尝试一种新的理念"净零医院"。然而，这一理念目前还只是应用于医院建设层面，比如采光系统、太阳能控制系统、智能暖通空调系统等，而不是应用于医院的实际功能，如零医疗废物、零手术失误率等。

其他一些将被引入到医疗行业的零相关概念包括"零介入式手术"，还有更重要的"零手术失误率"，甚至是"零疾病"。世界卫生组织已经制订了"将在2015年实现疟疾零死亡以及在世界范围内消除脊髓质炎"的目标。

通过增加对垃圾食品的征税，以及对健康人群提供优惠政策，比如赠送健身会员卡或减少保险费等措施，很多国家在未来都可以实现"零肥胖"的目标。

现在，"零卡路里"食品已经开始流行，我们也看到了一些饮料品牌，如零系可口可乐。我们预计未来会有越来越多的食品品牌饮料品牌的产品会被赋予零概念。

倒计时至零——"零"事生非

"至零方休的创新"毫无疑问是个很大的愿景，它不是一个能够在一夜之间被人们接受的趋势，它的普及是一个渐进的过程，是一个能够创造机遇、吸引投资、产生长期回报的过程。对于这一愿景，最重要的不是实现它的终极目标，而是利用好在实现这一目标的过程中所产生的机遇。若想取得"至零方休的创新"这一理念的成功，我们需要一个创新的计划，能够帮助我们在创建一个更加美好的、一个完全消除了不利的外部因素和缺陷的零概念世界的同时，勇敢地创新并取得突破。另外，还需要处于这一计划中的人们有很强的合作意识。若不是40%的哥本哈根市民都愿意响应号召，同意放弃使用汽车，即使在冬天最恶劣的天气时也改用自行车作为上下班的工具，哥本哈根不可能取得今天里程碑式的成就。

　　有一次，我们在一个会议上介绍这一理念时，被与会者问到会不会出现 "至负方休的创新"（Innovating negative）或 "超越零" 的概念呢？比如一些城市不是碳中和城市，而是碳阳性城市？也许当我们彻底达到了零目标之后，可以再考虑这些理念。

　　你和你的公司有没有关于 "零" 的概念和憧憬呢？

NEW MEGA TRENDS

IMPLICATIONS FOR OUR FUTURE LIVES

04

城市化进程中的巨大机遇

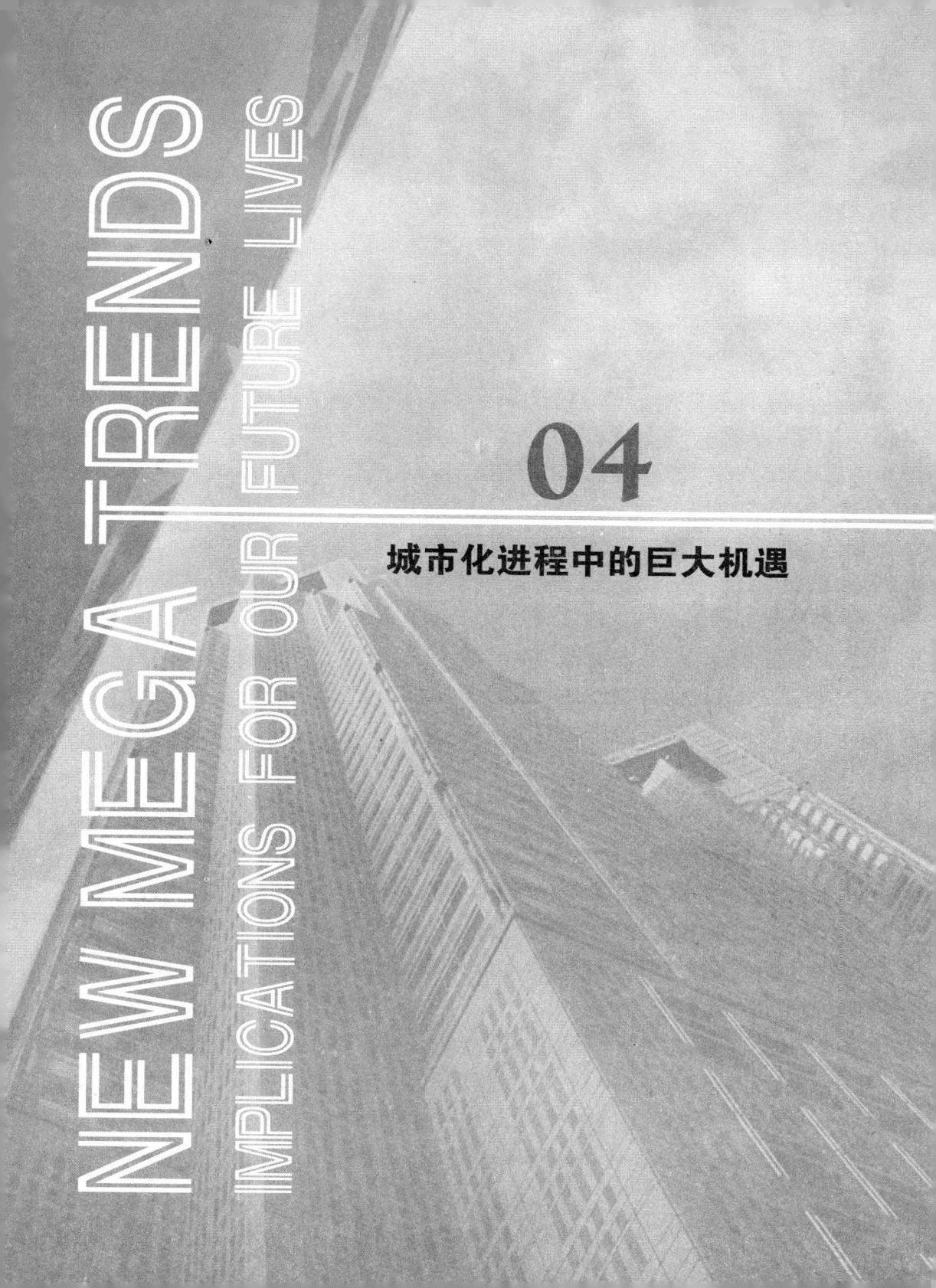

超大城市、超大区域、超大城市走廊以及随之而来的超大贫民窟

圣雄甘地曾说过:"在印度的城市中根本无法找到真正的印度人,真正的印度人都生活在周边 70 万个村庄里。"这一说法也许在过去是对的,但对现在显然不适用了。如今,每一分钟都有 30 个印度乡下人带着全部家当搬到城市,到 21 世纪末,印度的农村人口将会所剩无几。

在上一个十年的末期结束时,人类有史以来第一次有 50% 的人口居住在城市地区。据联合国预测,到 2030 年,全世界 60% 的人口将居住在城市。最近我在弗若斯特沙利文公司做过一项研究,世界的城市化进程应该比联合国预期的还要快。预计到 2025 年,全世界的城市人口将达到 46 亿,占全世界人口的 60%。也就是说,每个月在世界上都会新出现一个相当于巴塞罗那那么大的、拥有 500 万人口的城市。

这一不可思议的增长会导致核心城市中心区域与郊区以及周边卫星城市的合并,使市区的范围变得更大。结果,我们将看到超大城市、超大区域、超大城市走廊的出现,当然,随之而来的还有超大贫民窟的出现。

到 2025 年,全球会有 35 个城市和他们的郊区合并,成为人口超过 800 万人

的超大城市，这些人口的 GPD 贡献将达到 2 500 亿美元。关于超大城市一个很好的例子就是我的故乡伦敦。伦敦这座城市已经发展到了郊区，并正在往外延伸至高速公路，也是世界上最长的环城公路之一——M25 上，那里已经成为了英国最大的停车场。

世界上几乎所有的主要城市都会像伦敦一样，有内环城公路和外环城公路，一般距离市中心半径 20 千米~25 千米左右。预计到 2025 年，这些环城公路的半径会扩展到 40 千米，并且和周围的卫星城市连接，形成超大区域。超大区域可能会有两种情况：一是指两个大城市合并；二是指一个超大城市和较小的卫星城市合并，形成一个人口超过 1 500 万的超大区域。

关于超大区域一个很好的例子是，南非约翰内斯堡附近的东兰德地区、比勒陀利亚地区和米德兰地区正在以很快的速度形成一个超大区域。当地人已经给这一区域起了一个昵称，叫做"约翰陀利亚"（Jo-toria）。约翰陀利亚会继续吸引周边地区甚至周边国家的居民，将会在 2025 年成为一个人口达 1 500 万的城市，从而成为非洲的商业中心。这一地区将需要两个新机场，到 2025 年，机场的总数将增加到 4 个。尽管那里的基础设施在 2010 年举办世界杯时已经得到了很大的改善，但仍需要大量的投资。约翰陀利亚不会是非洲唯一的超大区域，它将和尼日利亚首都拉各斯，刚果民主共和国首都金沙萨以及埃及首都开罗竞争，而且就人口和大小来看，约翰陀利亚地区恐怕只能排第四。

到 2025 年，圣雄甘地的故乡印度将出现 4 个人口超过 1 500 万的超大区域，11 个人口超过 500 万的城市，以及 60 个人口超过 100 万的城市。相比之下，中国的城市化速度在 50% 左右，到 2025 年很有可能成为水泥森林，人口达到 100 万的城市将超过 200 个。相比较而言，目前欧洲只有 25 个城市人口超过 100 万。

不仅发展中国家会出现超大区域，发达国家也会有类似的超大区域出现。到 2020 年，美国会有两个超大区域，分别是大洛杉矶区域和纽约区域。纽约市将向周边邻近州，如新泽西州、宾夕法尼亚州、康涅狄格州以及纽约州扩展，从而形成一个大纽约区域。

当你渐渐理解了超大区域的概念以后，你将会开始关注"超大城市走廊"这一概念。"超大城市走廊"是指连接两个或两个以上至少相距 60 千米的城市的区域，两个城市结合后的人口达到 2 500 万甚至更多。当前，世界上出现的一个超大城市走廊是中国的香港—深圳—广州城市走廊，人口约 1.2 亿，走廊的长度达 100 千米。

然而，印度特别是甘地的故乡古吉拉特邦，正在计划的项目无人能敌。印度已经宣布，计划建造一个全程 1 483 千米的德里—孟买工业超大城市走廊，途经包括古吉拉特邦在内的 7 个邦，覆盖 2.03 亿人口，相当于印度总人口的六分之一，沿途还将建设 24 个绿色城市、9 个超大工业区、1 个高速货运专线、3 个港口和 6 个机场，加上对公共交通和电力基础设施的升级，预计将耗资超过 1 000 亿美元。

以色列的特拉维夫—耶路撒冷，印度的孟买—浦那，美国的波士顿—华盛顿地区，阿联酋的迪拜—阿布扎比，日本的名古屋—大阪—京都—神户，巴西的里约热内卢—圣保罗，这些都是超大城市走廊的例子。

然而具有讽刺意味的是，随着城市化步伐的加快和世界级超大城市、超大区域、超大城市走廊的发展，同时也会加剧"城市穷人"和"城市富人"之间的差距。世界各大城市的贫困人口率大概 20%~60% 不等，而在埃塞俄比亚首都亚的斯亚贝巴和安哥拉首都罗安达，这一比率超过了 70%。随着印度的贫民窟、巴西的贫民窟以及北非的贫民窟的人口增长高于其他地区，我们将看到超大贫民窟的出现，在那 2.4 平方千米的土地上，将会有 100 万"城市穷人"生活。

比如，目前，肯尼亚首都内罗毕的贫民窟基贝拉（Kibera）是世界上最大的贫民窟，人口大概有 220 万；巴西里约热内卢的贫民窟和印度达拉维的贫民窟，近 100 万的人口生活在 1.6 平方千米的范围内。联合国人居署报告统计，全球七分之一的人口生活在贫民窟，这真是一个令人震惊又心酸的数字。

垂直城市

城市化的飞速发展将重新定义我们的城市和社会。

从外太空俯看，我们的星球将变得越来越高耸，高楼大厦将成为城市的主体建筑。城市会向垂直方向发展，有些地方，比如上海，甚至已经出现了垂直的多层基础设施。世界上的城市将会被整合，互联，并被"品牌化"。就好比萨尔斯堡是世界知名的音乐之都，米兰是世界的时尚之都。一些城市正在围绕一个关键主题将自己"品牌化"，不仅现在，在未来，这些城市之间会出现激烈的竞争，通过标榜自己的与众不同，来吸引投资者、游客，创造商业机会。

超大城市和超大区域将会出现多个市中心，以公交为导向的 TOD 发展（Transit–Oriented Development）模式会在这些区域中创造出新的房地产投资和商业投资的机会。现在，一些城市已经开始在高速公路和铁路区的周围大兴土木。比如，早前的纽约，有不到 70% 的人居住在距大规模交通枢纽方圆半径千米的范围内，自从 2000 年起，80% 的住房被建在了交通便利的地方。为了进一步减少前往市区的通行时间，许多政府都会采取这种以公共交通为导向的城市区域划分办法，并在同一区域内完善基础设施，创造更多的商业机会。这就意味着，原先城市中一部分重要商业中心会向这些新区域迁移。比如纽约城中几乎所有的食品加工企业都已经从曼哈顿迁移到布鲁克斯区的 Hunts Point，那里已经成了美国重要的食品加工区。

在未来，"旧建筑"将会给房地产投资者们提供一些重大机遇。因为在超大城市中，风景好的地区的房价上涨要比郊区快得多，所以精明的开发商们会收购老旧的发电厂和军营，并将它们开发成可供人居住的公寓，从而赚得大量的财富。尤其是一些西方国家，它们正在经历从扩建基础设施到对老建筑进行改造和维护的转变。

这也将对我们的社会产生深刻的影响。目前，在世界的主要城市中，贫富分化所造成的居住条件差异并不是很明显。但是随着超大城市的发展，财富将被重新分配，城市中将出现严重的贫富差距。城市将会成为以服务业为基础的经济体，居住在此的也许是那些收入高，而且无子女的家庭，而制造业将移到城市周边的郊区。而且，收入的差距在发展中国家会更加明显，许多家庭将面临更大的住房压力，群居将不再是学生们和青年人的首选，几对夫妻共同租一套公寓，或一家几代人群居的情况会变得非常普遍。

在未来的城市规划中，规划者们可以考虑将办公地点和居住区相邻而建，或建立在一个较小的范围内。我们之前参与过一个尼桑汽车公司的咨询项目，目的是帮助他们了解社会经济的改变将对汽车科技产生的重大影响。研究发现，在一些超大城市，如东京、钦奈和圣保罗，城市的交通、安保以及长距离通勤的模式导致了当地愿意将居民居住地和工作地安排在同一区的趋势。比如，圣保罗有很多相邻而建的大楼，其中一栋是居民楼，旁边的一栋是办公楼；在印度，在一些超大城市的周边建造起了很多卫星城和商业镇，很多办公楼、居民楼以及娱乐休闲设施都建造在一个固定的区域内……这就意味着，住在那些区域中的居民不再是为了上班或是接送孩子上下学，或周末购物而买车了。尼桑公司因此不得不重新思考他们的品牌战略，那就是他们现在就要开始着手发展电动车和城区小客车。

随着城市的重新分区和新的工作方式的出现，如远程办公的出现，以及工作时间变得更短、更灵活，到 2020 年，在家工作将变得十分普遍，随之而出现的是新的交通模式。在高峰时刻，进城的车流量和出城的车流量将会基本持平，现在这一现象已经在芝加哥出现了。星期四那天，我在伦敦雇用的出租车司机拒绝在晚上来接我，不是因为他那天倒休，而是因为星期四的下午和傍晚已经成为新的交通拥堵时刻，这是因为人们会选择在星期四回他们位于乡村的家，然后星期五在家工作。估计以后，人们会说："终于盼到星期四了！"

城市交通3.0

城市化和超大城市的快速发展将会对个人出行以及未来的汽车行业产生深远影响，新的交通商业模式即将出现，令人振奋的商业契机等待着人们发掘。

未来，我们将围绕城市的发展设计汽车，而改变原有的城市规划要为汽车让路的现象。汽车公司不仅仅要卖汽车，更要主动设计新型的微移动解决方案，比如两轮、独座或双座的新一代智能代步工具赛格威（Segway）。

汽车共享、门到门的交通解决方案、联合运输、基于智能手机的城市交通方案，以及可应用程序购买将会成为城市化交通中的常见概念。

　　"汽车共享"这个概念在前几年就已经开始流行，当时只是住在欧洲乡村的人们，以及北美的大学生们共同使用汽车的一种模式，现在这一概念已经变成了一个十分有效的个人交通商业模式。汽车共享是一种自助式的汽车租赁服务，特点是现用现付，周期短，可以按小时或千米数付费。若想加入汽车共享俱乐部，你一年只需交纳 75 美元会费，然后就可以享受短期租赁汽车的服务了，租车时间一般是一到两个小时，每个小时 8 至 10 美元（包含燃油费）。你可以通过网上预定或使用智能手机预定停在你家附近的汽车，通常在预定成功后，你的手机会收到一个密码，它将取代车钥匙成为你取车的凭证。大多数汽车共享运营商们都会为你提供个性化的服务，比如可以让你把 iPod 和车相连，播放你最喜欢的音乐，而不用听出租车司机喋喋不休。需要说明的是，汽车共享与合伙用车是两个不同的概念。合伙用车指的是两个或两个以上的人共同使用一辆车，而这辆车很可能属于他们其中的一个人。

　　2010 年，弗若斯特沙利文公司曾经做过一项关于汽车共享市场的研究。通过研究发现，作为共享用车的汽车数量正在快速增加，汽车共享俱乐部的会员数量也在快速增加。2009 年，欧洲和北美地区加起来，汽车共享俱乐部的会员大概不到 100 万，预计到 2020 年，这一数字在两地分别会超过 2 500 万。热布卡公司（Zipca）是全世界最大的汽车共享俱乐部，他们的会员中，有 40% 的人已经放弃了拥有自己的私人汽车。研究还发现，每当有一辆汽车进入汽车共享市场，大街上就会相应地减少 7 辆车。更有趣的是热布卡公司的企业价值。2011 年 4 月，热布卡首次公开募股；2010 年，该公司在美国拥有 9 000 辆汽车，其中多为小型或中型车，当时公司估值仅为 1.74 亿美元。然而在收购交易日当天，热布卡公司的股票价值激增了 75%，上涨到每股 31 美元，将企业的总价值提高到了 12 亿美元，这相当于他们公司的每辆车价值 13.3 万美元，以至于当时投资人士认为该公司购置了一大堆法拉利跑车用于租赁。

　　企业在汽车共享领域里抢得先机，而政府也不甘落后。巴黎市政府就推出了一项和已经十分受欢迎的自行车共享计划"Vélib"相似的名为"Autolib"的计划。这一计划是第一个由政府扶持的汽车共享计划。该计划已在 2012 年开始实施，政府在巴黎市区和周边地带提供了 3 000 辆电动汽车和 1 400 个充电网点，同时还将提供按需用车（无需提前预定）、单行程等一些在传统汽车共享组织里无法实现的服务。Vélib 计划已经取得了巨大成功，世界各地正在纷纷效仿。伦敦在 2010 年就推出了一个以伦敦市长鲍里斯·约翰逊（Boris Johnson）命名的名为"鲍里斯自行车"计划。在美国和加拿大，类似的自行车共享计划也陆续出现，并且已经拥有了超过 5 万名会员。

汽车制造商们面临着汽车共享计划带来的威胁，而不得不通过改革将自己转型成为综合交通服务方案的提供者。世界上几个大的汽车公司，比如法国的标致和英国的戴姆勒公司，都正在进行转型，试图通过建立汽车共享业务，提升自己的品牌形象，同时了解顾客的需求以及客户对他们生产的汽车的看法。现在，戴姆勒公司已经在乌尔姆、奥斯汀、温哥华、汉堡、圣地亚哥、纽约和维也纳 7 个城市开展了智能汽车共享服务。"城市空间越少的城市越是我们"car2go"计划的目标市场。"戴姆勒公司"car2go"计划的 CEO 罗伯特·海因里希（Robert Heinrich）说道。

最具创新精神的一个交通解决方案是由标致汽车公司提出的一个名为"Mu"的概念，它让那些未来想要在大城市提高市场份额的汽车公司看到了一种极具吸引力的商业模式。这一计划是受购物卡概念的启示而设计的，它可以帮助人们将微型交通方案，如自行车和单脚滑行车等与租赁汽车和货车结合起来。它还可以向客户提供租赁汽车配件，如车顶箱、自行车停放架和儿童座椅的服务。如果你拥有一辆电动车，电池满载时可以行驶 150 公里，而如果你想在周末来一次长途旅行的话，理论上来说，它能帮你租一辆法拉利。

"Mu"实际上是标致汽车公司一个很聪明的策略，他们所有的投资只是建了一个 IT 平台并雇几个人来维护，而且他们提供的大多数可用于租赁的车辆都是他们的展示用车，这些车在晚上和周末会空闲下来，所以这个计划变得越来越受欢迎。最近，宝马汽车公司也推出了一个能够让客户短期租用汽车的计划。这一为期 12 个月的试点项目叫做"按需的宝马"（BMW on Demand），允许在慕尼黑总部附近的驾驶者租赁从小型 1 系（大约每小时 16 美元）到豪华 7 系轿车（每小时 32 美元）中的任意一款车型。顾客们可以在宝马的任意一家展示厅和汽车配送中心领取和归还车辆。

发达国家每千人的汽车保有量正在下降，汽车共享将会在一些较小的城市盛行。到 2020 年，汽车共享将会提供点对点服务，个人可以向汽车共享运营商（如 RelayRides）出租自己的汽车。汽车共享服务业也可以和合伙用车、合伙搭车计划相结合，比如 Zimride 公司制订的汽车共享服务计划支持热布卡公司的会员在 Zimride 的预约网站上发布自己的出行时间并享受搭车服务。这一计划很受大学生群体的欢迎。

由于城市化的影响，汽车厂商将会意识到，他们不再仅仅是制造出汽车，他们更重要的业务市场是为客户提供个人交通解决方案。除了汽车厂商以外，许多其他行业的公司也正在加入个人交通领域的竞争，将不同的交通工具模式，如自行车、单脚滑轮车、汽车、火车和飞机等结合在一起。

汽车共享不仅不会改变未来城市交通模式的游戏规则，更确切地说，它还会是未来门到门交通平台的一个重要组成部分。动态交通解决方案的理念是将不同的交通模式整合在一起，在未来，让居住在超大城市中的居民出行能够变得便捷。尽管这一理念已初步形成，各个企业还都在独立运行，但实现这一目标将指日可待。

那么，何为综合交通模式？想象一下这样的场景：你要到巴黎出差，当走出家门，你的手机告诉你出门左转，步行 250 米到最近的公交车站，然后乘坐 150 路公交车到达沃克斯豪地铁站之后，乘坐维多利亚线来到国王十字街圣潘克拉斯国际火车站（King's Cross st Pancras）。手机又告诉你，开往巴黎的火车虽然晚点 10 分钟，但是现在已经开始检票了。到了巴黎，手机指引你来到最近的汽车共享点，那里有你事先预定好的电动汽车，你可以开着它去开会地点，就连开会地点的停车位也早已预定好了。要知道，在通常情况下，那里的车位非常紧张，有时要等上好几个小时。整个过程对接得完美无瑕，结合了跨国公共交通和各种交通模式，这就是未来的综合交通模式。这也将成为交通集成商们（mobility integrators）的新战场，现有的商家和新进入的竞争者会在这一战场中进行激烈的竞争。

弗若斯特沙利文公司高级交通移动专家穆罕默德·穆巴拉克（Mohammad Mubarak）是这一领域的领先研究者，他说："在未来，我们将会看到交通运营商（铁路公司和公共汽车公司）、移动电话运营商、IT服务提供商和在线预定代理商们提供门到门的多种交通解决方案。这些交通集成商们将全面整合现有的提供长距离和短距离交通服务的商家的解决方案，从而为客户提供一个一体化的交通方案。"穆巴拉克的研究发现，交通集成商们会与各种在线服务提供商合作，通过一个类似Travelocity.com或Expedia的网站，为消费者提供交通时刻表和订票服务。消费者可以在这些网站上注册并一次性预定整个行程的车票，不管是当地的、跨城市的，还是城市间的长途火车或飞机。交通集成商们还将运用自有的移动通信系统为消费者更新关于他们旅行的各种最新消息，比如出发/到达时间，汽车/地铁/火车站台信息，汽车/自行车领取点等，同时带有GRPS技术和GPS系统的手机也可以随时提醒消费者旅程信息，比如交通状况和导航信息等。

智能手机和很多小的应用程序将把交通集成的概念提升到另一个层面。交通集成商们正在通过运用智能手机、基于位置的服务、优化车辆（对B2B市场）等方法来发展交通Web2.0平台，从而提供包括交通向导、行程计划、时刻表、驾驶路线和电子支付等服务在内的动态综合交通方案。

"传送我吧，史考提"[①]的现象，也许不会很快出现在我们的城市中，然而，我们一定会体验到运用多样化交通模式的旅行，我们也将通过计算汽车公司和交通服务提供商的"交通份额"，而不是"市场份额"来衡量他们的成功。

轴辐式企业模式

在未来，将会出现一种很有意思的企业模式——轴辐式。

轴辐式模式通常是指以一个地点作为中心，为周围与中心连接的卫星地点提供集中支持。这种模式是由航空业最先开始使用的，指定几个城市作为枢纽，大

---

① "传送我吧，史考提"（Beam me up, Scotty）是流传已久的科幻片《星际迷航》中的一句经典台词，是主人公船长柯克每次需要返回进取号星舰时，向总工程师蒙哥马利·史考提下达命令时所说的话。后成为美国文化的流行语。——译者注

机型的长途飞行以这些枢纽作为中转站，而从这些枢纽到较小城市的短途飞行可以用较小机型执行。随着城市化的发展，这种轴辐式概念将会扩展到医疗、超市、零售中心、物流和交通等各个领域。

城市化的发展很可能带来这样的物流前景：长 25 米，载重 60 吨的双挂车和超大卡车可以在一个国家或大洲的东南西北 4 个方位点开出，然而所有拖车只能停靠在城市中心周边的枢纽站（见图 4—1），只有较小的拖车才可以进入市中心。这是因为未来的城市会划分出拥堵区和低排放区，会造成车辆的大小两极分化，即体型较小的卡车可以开进城市，而较大的或超大型的卡车只能在城市外围行驶（目前欧盟正在考虑在欧洲引入这种超大卡车，尽管在欧盟内部对是否接受这种卡车仍有分歧）。预计到 2020 年，欧洲会有超过 13 个城市对进入拥堵区的车辆进行收费，超过 150 个城市会划分出低排放区。一些智能城市如阿姆斯特丹，已经出台了政策，未来只允许用电动轻型商用车给市中心的面包店送货。所以，如果你要为市中心的客户运送产品，那就得用自己的电动汽车，或者与一个拥有电动汽车的运输商合作。法国也在考虑相似的政策，市长或者镇长拥有决定哪几种车型可以进入市中心的权利。

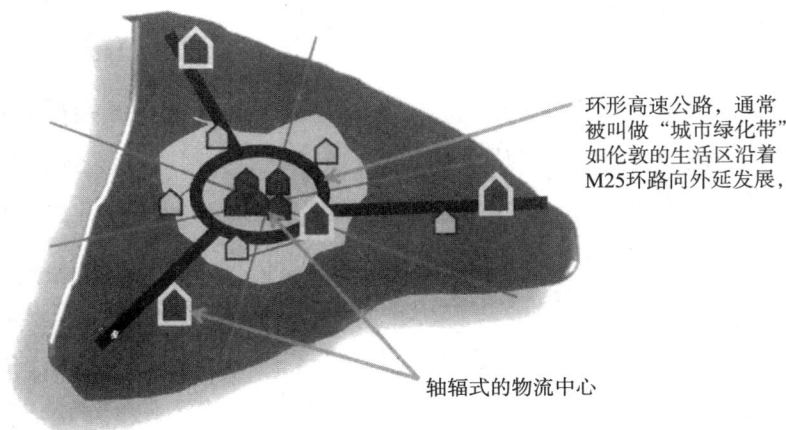

环形高速公路，通常被叫做"城市绿化带"如伦敦的生活区沿着 M25 环路向外延发展，

轴辐式的物流中心

图 4—1 超大城市采用轴辐式的企业模式（以轴辐式的物流中心为例）

资料来源：弗若斯特沙利文公司

轴辐式模式也可以应用到医疗领域，政府和病人都将从中受益。一些医疗中心和医院将会采用这种模式修建，一些超大城市如伦敦已经开始这样做了。他们会在选定的一些地点（中心枢纽）为病人提供高效、高质量、专业性强、复杂的医疗服务，而同时在周边的辐射点提供普通或低难度的医疗服务。在枢纽处，医院可以提供专业性强的服务，如复杂的手术和特殊护理设备，并可以提供超过1 000张病床，目前比较成功的有伦敦的伦敦大学附属医院（UCLH）和巴黎的内可尔儿童医院（NeckerEnfants Malades Hospital）。辐射点主要以一些床位有限的较小医院或者更小的医疗点为主，如建立在人口密集地区、飞机场、中央火车站以及商业区域的健康中心、诊所和生活方式健康中心等。

另外，轴辐式的零售模式已经在大城市十分流行，超大商场和大型购物中心一般都建在核心区的外部，而较小的24小时便利店则建在市区。随着网络零售业的快速发展，这一趋势会越来越明显，而对零售商来说，尝试更多的经营形式也就更加重要。

轴辐式的模式能够降低企业的投资和运营成本，优化设备使用率，最重要的是，能够让企业接触到存在于人口密集的城市、机场、火车站中的目标消费人群。

城市化带来的启示

超大城市和超大区域等一系列城市化发展对社会和企业来说都是一件好事，它为企业家和创新者们提供了独特的机会。将来，最能制造财富和带动经济繁荣的不是国家，而是这些超大城市或超大区域。例如，哥伦比亚首都波哥大和韩国首都首尔对整个国家GDP的贡献率已高达50%；匈牙利首都布达佩斯以及比利时首都布鲁塞尔各自为国家贡献GDP的45%；伦敦有全英国12.5%的人口，但却为全国贡献了25%的GDP并提供了15%的工作机会，而有些人预测，到2030年，伦敦的GDP将会占全国的30%；波士顿—华盛顿城市走廊区域的人口约5 820万，预计到2025年，将为全美贡献2%的GDP；约翰陀利亚地区的人口占南非人口的20%，却贡献了全国GDP的34%……所以当一个区域对整个国家的GDP贡献率相当的话，我们就考虑一下到底和谁做生意更有利可图？是

605 平方千米的首尔，还是 100 032 平方千米的整个韩国？

　　一些发展中国家的城市需要在基础建设方面投入大量金钱，比如在近十年中，印度就需要投资超过 5 000 亿美元的资金用于建设基础设施供市民使用。这些发展中国家的城市还需要为老年人口提供医疗服务；满足年轻人不断变化的生活方式；向智能电网、城市交通、城市安防、水资源和楼宇管理等方面投资，保证能源的需求得到满足；同时，还要大力发展 IT 服务业。因此，城市化的发展会使企业重新思考他们制造、运输和服务的战略，从而满足消费者的需求。

　　我预测，未来那些超大城市的市长将会拥有更大的权力，企业和政府对超大城市所催生的发展机会也会有一个巨大的转变。比如，如果伦敦市长每年可以支配的预算超过 1 200 亿美元，伦敦每年的 GDP 超过 6 000 亿美元，那么，和其他相似的城市一样，伦敦的企业也将会重新定位他们在商业活动中所扮演的角色。

　　一些具有前瞻性的企业，如西门子公司和 IBM 公司已经在这一方面获得了领先优势。IBM 公司认为，未来的世界会是一个更为感知化和互联化的世界，几乎所有的生产过程、工作方式都将会变得智能化。所以，他们提出了物联化城市的构想，即在各种形式的基础设施中植入传感器和摄像头并实现互联，包括汽车和人。他们相信，未来所有事物都会实现互联，比如将路面信息、供应链和电网等系统互联，就形成了"物联网"。最有趣的是,IBM 预测整个世界将变得智能化。在这个智能化的世界里，车与车可以实现交流，如一种叫做浮动车数据（Floating Car Data）采集的方法已经在欧洲、日本、北美和中国进行了测试。除此之外，传感器之间也可以彼此交流，从而为人们在出行前和行驶当中提供交通拥堵信息。同样，如果一辆火车晚点，它可以向当地的公共交通系统发出信号，从而优化运营时间安排；同时，火车的乘载情况也可以实时地在站台上显示，这样乘客们就会提前知道哪里有空座位。

　　IBM 公司相信，目前很多这样的数据还处于孤立状态，城市的一侧不知道另一侧正在发生什么。如果城市中的 IT 系统可以将这些数据整合起来，并把它们转换成有用信息，尤其是转换成可供第三方参考并提供服务的标准化、公共信息，这样就可以帮助城市中多个部门联手工作，为居民提供更好的交通方案，更智能的电网，以及更好的应对事故和灾难的服务，使他们的生活更加多姿多彩。如果想实现这一目标，关键在于怎样将传统的提供单一产品的解决方案转变为能够建设互联化、智能化城市基础设施的解决方案。

对这一大趋势从宏观到微观进行分析可以为各种行业提供大量机会。

在我们试图研究城市化将对我们客户的业务产生什么样的影响、带来什么样的机会时，我们为全世界最大的照明设备制造商设计了一个项目。这家公司的市场主要被细分为户外照明、商业照明等，通过对这些细分市场的分析，我们发现了其中的商机，并向客户呈现了一揽子计划。以下是其中一些由于城市化而出现的户外照明领域的投资机会。

● 公共场所将一周 7 天、每天 24 小时开放，这就意味着，在动物园、公园健身地点以及博物馆等场所需要更多的照明设施。

● 城市的直径将从 25 千米扩展到 40 千米，这就意味着政府会加大投资以满足更多的街灯照明需求。

● 城市公共交通基础设施将扩建 50% 以上，这就需要在公共交通设备、街道、车站以及一些商场、超市等场所增加照明设施。

● 美化性照明将会成为城市规划中很重要的一部分。例如，伊斯坦布尔的博斯普鲁斯大桥。

● 体育设施、大型活动场所、户外设施在夜间的使用次数增多（比如，新加坡的高尔夫球会在夜间开放），许多在夜间举行的体育比赛和演出集会等活动都需要照明设施。

● 出于安全需求，在黑暗地带将设置更多的照明设施，尤其是在高楼大厦挡住了月光之后。

我们还发现了一个有意思的投资机会，那就是到 2020 年，中国很可能会实现全面室内禁烟，这将使 3 亿烟民不得不在室外吸烟，这也意味着需要更多的户外照明设施。很有意思吧！

西门子公司"以城市为消费者"的战略

西门子公司是一个高度多元化经营的德国领先企业，总资产高达 735 亿美元。该公司在感悟大趋势的潜力上展现出了前瞻性的思考方式。

2008 年，根据以往十年中出现的如全球人口结构的改变、城市化、气候变化、全球化等趋势，西门子公司进行了企业重组，将董事会由原来的 11 人减少为 8 人，并开始重点发展工业、能源和医疗这三大领域的业务。

在企业重组两年后，西门子公司的 CEO 彼得·勒舍尔（Peter Loecher）意识到，如果城市基础设施领域发展得好，其中将蕴涵巨大的商业潜力。于是，在 2010 年末，他提出了一项战略，并最终在 2011 年 10 月宣布成立公司的第四个事业部——基础设施与城市业务部（Infrastructure and Cities），用于挖掘城市基础建设领域存在的巨大潜力。

西门子的战略看上去似乎很简单，即整合 80% 与城市发展有关系的业务，如配电、交通解决方案和楼宇科技等，然后在基础设施与城市业务部下面设立 5 个分部门，包括铁路系统部、交通和运输部、中低压配电部、智能电网部以及楼宇科技部，这些部门的产品和解决方案对一个城市的发展起着至关重要的作用。西门子面临一个每年有 20 000 亿美元投资的全球城市基础设施建设市场，通过此举，西门子可以获得的投资将达到 3 000 亿美元，其中有 2 250 千亿美元将来自西门子基础设施和城市业务部的技术产品，剩余的主要来自医疗部、水资源部和子公司欧司朗照明（Osram

Lighting）。预计近十年，西门子公司的年均复合增长率达到 3%~5%，而且随着美洲和亚洲一些国家的市场需求增加，其旗下所有系列产品的市场增长率也将稳步提升。

西门子公司新成立的基础建设与城市业务部拥有 87 000 名员工，2011 年年收益达 165 亿美元。这一部门不仅能够提供独特的城市解决方案，也可以为城市管理者和规划者们提供创新性、个性化的城市理念，不管是集成交通解决方案、安保技术，还是智能电网应用等。预计，超大城市市场将为其提供创造上千亿欧元的年收益机会。

2011 年第三季度，也就是该事业部建立的几个月之后，它已经和德国铁路公司签订了一单高达 60 亿欧元的合同，这一合同成为公司成立 160 年以来最大的一单合同，而且旗下一系列关于城市解决方案的产品也远超其竞争对手。这一事业部将成为西门子集团贡献最大的部门。

西门子公司并不打算把他们的业务范围仅仅限定于人口超千万的超大城市，他们也计划将城市解决方案的业务推广到世界各地的其他较小城市，希望因此能够缩小其业务和城市消费者之间的距离。

罗兰·布施（Roland Busch）博士是西门子基础设施与城市事业部的 CEO，也是西门子公司管理委员会的成员之一，他在接受媒体访问时曾说："在我们的战略中，最重要的一个部分是城市客户经理项目。我们已经在近 70 个城市安排了客户经理，而且将根据城市的发展潜力来增加我们的资源投入。我们的城市客户经理项目不仅能够提供西门子公司的产品和服务，还可以通过协商性销售，努力参与到城市早期规划项目中。很明显，越早提供我们的技术，对我们日后能够在具体项目中抓住商业机遇就越有利。"

西门子公司深知，若想在未来充分挖掘政府公共部门的资金潜力，就必须和大批利益相关者建立密切的合作关系，因此他们建立了一个最高层为城市业务发展客户经理的组织结构，从而使决策过程变得更容易、更快速，当然最重要的是，这样可以打造强大的合作关系。

西门子公司的"走向市场"战略更加注重所谓的"垂直市场"①，已经将数据中心、酒店管理、智能建筑、铁路基础设施、机场／港口物流枢纽、道路和城市交通以及市政发展作为基础设施与城市事业部的次重点市场。通过这一战略，西门子不仅希望能够获利于尖端增长，还希望通过协同作用、规模经济和高效运营来获得高利润。首先，公司将通过对某些具有核心功能的部门（如会计和IT）实施共享服务的

策略来节省开支，并且在一些部门如中低伏配电部，通过优化工厂足迹和供应链来对其进行整合，从而促进利润的增长。其次，公司还将合并一些销售渠道，尤其是中低伏配电部和楼宇科技部的销售渠道，以达到拓展市场范围的目的。最终，公司将拥有更加强大的组合战略，重点关注某些特定市场、技术以及业务类型。一个很好的例子就是，公司决定重新调整交通解决方案部的结构，将其分成铁路系统部和交通物流部两个部门，其中，铁路系统部主要负责与火车制造相关的业务，而交通物流部则主要负责提供关于城市交通流和物流的IT和软件解决方案。将这个部门一分为二后能够更有针对性地发展业务，也能更有针对性地满足客户需求，从而形成一种独特的商业模式（装配铁

---

① 垂直市场是指市场由各个有能力操纵商品生产和输送各个环节所提供产品或服务的价格的企业所组成的市场。——译者注

路车辆 VS IT 电动车基础设施）。

考虑到发展中国家的市场仍受到金融危机的影响，当有媒体问布施博士这一战略是否有风险性时，他这样谈道："我们支持这些城市的方式是提供资金（西门子的金融服务）、绩效保证项目（如能源绩效公司），以及提供能够帮助城市获得额外收入的解决方案（如收费系统）。"也就是说西门子公司既提供资金，又保证回报率，并帮助城市增加收入，这的确是个不错的商业案例。

为了显示他们的城市化实力，西门子公司决定投资 4 600 万美元打造一个旅游景区——晶体公园（www.thecrystal.org），这一景区同时也是全球的城市技术中心。晶体公园位于英国伦敦，用来展示西门子为建造一个更美好的城市所能提供的服务和技术。公园中的主体建筑被设计成两个夸张的水晶形状，希望能够复制伦敦金融

区"小黄瓜"（Gherkin）的成功，成为维多利亚码头最吸引眼球的标志性建筑。

难怪当多哈被选为 2022 年世界杯的举办城市时，西门子是所有企业中第一个打入卡塔尔市场的企业，并在那里建立了办公室。多哈预计会向与基础设施建设相关的项目投入 400 亿美元，包括建立价值 100 亿美元的机场，这样看来，西门子将城市发展这一市场作为他们的重要战略确实无可厚非。

在 2012 年，仅仅是基础建设和城市事业部这一个部门的订单就达到了 240 亿美元。西门子公司还计划做一些战略性的收购，来推动和加强该部门的产品和服务。

毫无疑问，西门子公司比他的对手们，如通用电气、施耐德和 ABB 要聪明得多，当那些公司还在考虑是否要设立有关城市建设部门，而就算建立了，也仅仅是创

造了一些工作机会时，西门子公司 有可能成为世界上第一个市值超过
已经将它们远远甩在了身后，它很 1 000 亿美元的城市化企业。

城市化进程中的零售商业模式

零售业尤其能够从城市化中收益，然而随着零售业的商业模式发生了很大变化，投入大量资金将不可避免。随着城市的扩张，会相应出现多个市中心，随之将带来各种零售机会。城市中的零售业模式将从家庭经营的小零售店向连锁店形式转变。这种家庭经营的夫妻店在发展中国家尤其常见，比如在印度，90%的零售业都是以这种形式存在的；而以连锁店形式出现的零售业被称为有组织商业。城市化也将对市场渠道产生重大影响，零售商们需要思考在闹市区（如火车站附近）建立更具个性的小型商店，比如在日本的东京，零售业和旅游服务业都建立在地铁系统上，并且格外繁荣。另外，地铁商店很可能会变成虚拟商店。比如在韩国的首尔，乐购（Tesco）连锁超市推出了它们的 Homeplus 地铁虚拟商店。在那里，人们可以在等地铁的时候使用智能手机订购商品，之后超市会将所购物品按时送到顾客家中。

在未来，普通的实体店预计会减少 20%，一些知名品牌将会在超级商场中拥有自己的迷你店和员工，目前，这一现象在中国已经十分常见。所以，未来超大城市中的零售业企业必须意识到，消费者将不再主动地前往商店，商店需要主动找到消费者。

售货亭和游击店等形式的商铺的占有率目前占据欧洲零售市场渠道的 1%，因为它不存在一些较大店铺所面临的租金过高和杂项开支的问题，所以它们在未来的渠道占有率会超过 20%。商亭制造是我经常向亚洲的一些朋友们推荐的一个商机，当前用来销售货品的商亭将会被更现代的商亭所取代。

与此同时，一些知名品牌将会大范围地开设旗舰店，城市中的高档消费市场竞争会越发激烈。比如，Hugo Boss75% 的利润来自企业渠道、消费者渠道和工

厂直销店，然而他们未来的计划包括增加 12% 的旗舰店和公司持有的高端品牌店的数量。

而酒店和餐馆正在争抢更多的市场份额，因此在旅游服务业里，特许经营的商业模式也正呈现巨大增长，五分之三的旅馆预计将成为特许经营店。在发展中国家投资二星和三星级连锁酒店将会获利丰厚，因为这迎合了中产阶级的需求。一些高端的酒店必须要多样化经营才能做到收支平衡，因此，他们必须为婚礼、会议、讲座等类似活动等开放更多地点，从而和那些比如提供举办婚礼的足球俱乐部竞争。建筑投资商们将不得不考虑房价、能源消耗以及日常开支等因素对利润的影响，宾馆也将会考虑提供按小时付费的商业模式。

在发展中国家，城市化带来的机会是无限的。即使在超大贫民窟，银行也可以进行小额贷款，这不仅可以帮助银行履行企业社会责任，也可以保证赚到可观的利润。一些有形象意识的国家如巴西，已经雇用了 40 位建筑师来重新设计里约热内卢的法维拉贫民窟地区，希望在 2016 年奥运会期间能够呈现给世人一个崭新的面貌。一些国家，如印度和中国，在今后的十年中，每年将需要提供 9 亿平方米的区域来满足住房需求，这相当于两个超大城市的面积。在中国，大多数的新建建筑将会严格按照新能源标准要求来设计，建筑公司、环保材料提供商以及房地产开发商们可有的忙了。

由于发展中国家城市中的人均水消耗量每天将增加 40 公升~50 公升，能源消耗量将会在下一个十年中翻倍，所以发电基础设施和水基础设施的设备和服务提供商，如西门子、美国通用等将因此获利巨大。

与此同时，各国政府也会帮助本国工业企业赢取全世界的城市基础设施的开发合同。比如，日本政府在这一方面就表现得相当明智。日本为德里—孟买工业走廊这一耗资 1 000 亿美元的项目提供了资金，同时，他们和印度政府商讨，确保一家日本公司来担任主要基础设施项目的合作者。预计，一些日本公司如日立集团、三菱公司、东芝集团、日挥集团、伊藤忠商社以及东京电力公司也从中获得巨大收益。这些公司还会参与很多外围项目，如在德里—孟买工业走廊周边区域建立 24 个绿色城市等项目。另外，西门子和 IBM 公司的举措也是十分明智的，也许其他国家，比如包括欧盟和美国可以从中学到些什么，那就是在海外投资基础设施项目可能比在自己国家投资基础设施项目的回报率要高，同时也可以为本国人创造更多的就业机会。

　　未来的联合国也许会允许超大城市成为联合国成员，而不再仅仅是国家才能成为成员。至于我们的个人生活，我们每一个人都会出于职业发展的需要，在各个城市中迁移，或者是出于人生不同阶段的需求在同一个城市内部迁移。城市居民之所以愿意待在城市，是因为那里的生活更多样化，有充足的娱乐设施和社交机会，即使很痛恨拥堵的交通、拥挤的空间和城市中到处可见的竞争，他们也还是会选择城市。因此，城市化不仅会带来巨大的机遇，也会带来全球性的、不同凡响的改变。

　　狄更斯曾经把18世纪描绘成"双城记"，然而21世纪恐怕会是"超大城市记"。

NEW MEGA TRENDS

IMPLICATIONS FOR OUR FUTURE LIVES

05

影响未来的社会趋势

这一章介绍的是在未来十年中，将对我们的社会产生深刻影响的六大主要社会趋势，即地理社交、机器人保姆、iPad 一代和小皇帝、人才回流和全球人才大战以及中产阶级的优势和女性的力量。

六步之遥的地理社交

收音机拥有 5 000 万听众用了 38 年的时间，电视拥有 5 000 万观众用了 13 年，网民达到 5 000 万用了 4 年，而 Facebook 只用了不到两年时间就拥有了超过 5 000 万用户。现在，Facebook 的用户达 8 亿之多，如果它是一个国家的话，将是世界上人口第三大国。而且，全世界每秒钟就有 8 个人新加入 Facebook（这是世界人口出生率的两倍），这样算来，Facebook 的用户是世界上增长最快的群体。

正如我们从 Facebook 和 LinkedIn 等网站所看到的那样，在过去十年中，社交网络展现出了良好的发展趋势。我们相信，未来十年，社交网络平台将会是基于地理位置的社交网络平台，即拥有定位和位置标记等功能，从而帮助用户与身边兴趣相投的人建立联系。这种网络地图服务将使我们能够实时地共享自己的地理位置，并且带来社交网络和电子市场新的发展趋势，促使社交方式的创新，使人们和周围环境产生深度联系。

地理社交的出现使用户可以通过自己的智能手机（或者其他移动装置）来获取身边感兴趣的商品信息、朋友以及相关活动的消息，从而随时随地拥有"个性化的社交活动"；它能够帮助用户为自己到过的地理位置做标记，向别人"炫耀"自己的社交活动和所到过的地方。

我们将这个趋势称作"六步之遥"（Six Degrees Apart），这个名字的灵感来自由弗里奇斯·卡林思（Frigyes Karinthy）提出的"六度分隔理论"（Six Degrees of Sparation）。这一理论认为从大体来说，世界上任何两个人之间所间隔的人不会超过六个，也就是说，让世界上任何一个人联系上另外一个人，中间不会超过六步。地理社交绝对可以将这一理论转变成现实。

地理社交：谁在你附近

如果你正在伦敦的牛津街逛街，地理社交会通过你的手机告诉你附近的打折信息，比如，塞尔弗里奇店内 Gucci 手包在今天下午 5 点到 7 点之间买一赠一；或者你会从 Facebook 上了解到，你的一个老朋友正在距你 500 米以外的一间酒吧喝酒……通过设置自己的偏好和联系人信息以及更新地理位置，你的手机就可以实时地告诉你"谁在你附近"。

地理社交所能带来的可能性与机遇是无限的。现在，无论是企业还是个人，都需要通过互动，实时地推销自己，所以这一新模式将开启社交领域的一个全新层面，即发现新的联系人，并且找到周围的实时商业信息。

像 Foursquare 和 Facebook 这样的社交网站，已经更新了添加"地点"这一功能，地理社交网络正在成为新的社交趋势。

基于地理社交网络的商业模式

地理社交不仅仅是一种社交方式。正如 Facebook 一样，它将对整个市场产生影响。越来越多的企业家也会因此而重新思考他们的市场战略，尤其是当他们的目标客户群体为数字一代和社交移动产品的消费者时。们也逐渐意识到，在未来，个人移动装置可能是接触消费者的唯一途径。他们需要与消费者建立更多的联系，从而使消费者得到产品和服务的第一手信息。

为了能和这些带有地理标记的消费者们产生实时互动，商家们很快会需要一些新设备和资源。同时，这也将促使零售业、娱乐休闲及旅游业用新软件升级它们的系统，从而提供这些服务。所以，对一些移动通信运营商和 IT 软件系统开发商来说，这将又是一个盈利点。

地理社交的出现帮助这些行业的商家们实时监控他们的库存，当出现库存积压的情况时，能够及时进行促销活动。比如，如果一家餐厅目前上座率很低的话，他们可以立即推出促销活动吸引周边潜在的客户。

地理社交还可以被应用到紧急救灾，它能够让使用者们在遇到重大自然灾难的情况下及时传递信息，并且有效地协调救援工作。

地理社交所带来的启示

根据高德纳公司（Gartner）的统计，2011 年，围绕全球基于地理位置而进行的市场开拓创造了 29 亿美元的价值，这一数字在 2014 年会增加到 83 亿美元。该市场的主要收益来源并不是移动通信运营商或社交网络，而是来自像你我一样的普通消费者。商家们正在想尽办法利用这一趋势，应用开发商们也在绞尽脑汁研发更高级、更个性化的地理社交软件。现在就让我们看一看这一大趋势将会带来什么样的新型商业模式。

1. 基于地理位置的优惠：来店"报到"

现在，像 Yelp、Foursquare 和 Facebook 这样的网站都可以提供所谓"报到"（Check-in）优惠券，即商家们可以向附近的客户发送消息，邀请他们来自己的店里使用优惠券消费，这无疑使基于地理位置的社交网络变得更有趣。这些优惠券的形式十分多样，从免费的星巴克礼物卡、免费餐厅的就餐券，到餐馆的顾客积分等都有。据 Foursquare 统计，在 2010 年，在全球范围内一共有 3.81 亿次"报到"，这相当于全球每秒有 23 个"报到"优惠兑现。

某天晚上，我和朋友在一个酒吧喝酒，当时我注意到桌子上有一张广告，上面写道："只要客人在 Facebook 上对我们的酒吧点赞，就可以免费享用一杯鸡尾酒。"因为当时正好对这种活动十分感兴趣，我毫不犹豫地去尝试，登入 Facebook 账户并对该酒吧点赞之后，我点了最贵的马提尼，结果和宣传中承诺的一样，果然是免费的。虽然并不确定到底是谁占了便宜，但我觉得，如果有这样的优惠还是值得一试的，并且还要告诉周围的人也来试一试。

这种商业模式其实很直截了当，像这家酒吧一样的商家们，希望吸引更多的客户。很多人恰恰是看到了自己的朋友在社交网站上对这家酒吧的点赞，才会去光临，从而成为酒吧的客人。这样一来，点赞成了一种免费广告，或者说是一条五星评价，它所产生的广告效益是巨大的，即为酒吧带来了更多的生意，而酒吧只需要花费几杯鸡尾酒的价钱。所以，对于类似的行业来说，日后移动广告将取代传统的广告模式。

2. 周仰杰的营销创意——有本事就来抓我

基于地理位置的服务中，还有一个绝妙的营销创意来自鞋履业的巨头企业周仰杰公司（Jimmy Choo）。2010 年，他们在伦敦发起了一场叫做"抓住周"的寻宝活动。活动要求女性顾客们围着伦敦跑，寻找周仰杰运动鞋，第一位到达任何一个指定签到地点的女士都会得到一双周仰杰运动鞋作为奖励。活动吸引了 4 000 多位 Fourquare 用户参加，当时，在伦敦，每 17 个人里就有 1 个人在找周仰杰。这一绝妙的营销策略使该品牌的运动鞋销量增加了 33%。

3.Gigwalk——走路就是我的工作

如果地理位置社交能变成一种既能够赚钱又能娱乐消遣的活动，那就更有意思了。Gigwalk 是一款移动应用，有点像一个实时的工作招聘平台。企业可以在线发布即时任务信息，而感兴趣的"临时工"们（gigwalkers）可以立即选择接受并按自己的节奏完成，并且获得 3 美元~90 美元不等的报酬。唯一的要求就是这些"临时工"们必须有移动通信设备。也就是说，当你走在大街上时，有可能接到一个临时任务，比如为一个店铺或餐馆拍张照片，或者确认商家有没有某种商品的存货，或者确认某条街或某个饭店的名字，如果你感兴趣，完成任务就可获得一定的报酬。

这项新型的移动应用在美国获得了成功。截至 2011 年 12 月，一共有 10 万人完成了共计 150 万个任务，而这是在该应用发布仅 7 个月之后发生的。Gigwalk 不仅把地理社交发展到了另一个层面，也帮助成千上万的美国人增加了收入。比如有一位"临时工"用户在三个月里赚了 11 713 美元，是赚钱最多的用户。

4. 虚拟美元——看不见的商品，看得见的我

Zynga 是一家社交网络游戏公司，在 2011 年时宣布上市，估价为 70 亿美元，这在当时可是非常吸引大众眼球的一件事。这家游戏公司采用了一种建立在 Facebook 上的新型商业模式，即使用 Facebook 上那些弹出的广告页面诱使用户花现金为他们的游戏买虚拟钱币，而这一模式每年为该公司带来了 8.26 亿美元的收入。Zynga 无疑为其他企业树立了一种很酷的商业模式。在未来，我们很可能会花钱购买虚拟商品或换取积分，这些小笔交易包括一些网络电子礼物、虚拟数据，甚至是个性化的小部件都是基于客户的地理位置的。

5. 增强现实的社交网络——我的世界我做主

基于地理位置的服务似乎正在侵入社交网络领域的每一个部分，然而新科技的发展仍有很大空间。因为地理社交主要是基于移动技术或应用，所以手机制造商和平板电脑制造商们都在不断地创新。我们很快会看到社交网络中一些新技术的出现，比如，增强现实就是这样的一种技术，它将改变人们与周围环境互动的方式。

增强现实技术，又称扩增实境，指的是通过从文字、音频、图像和视频等渠道获取电子信息，并将这些虚拟信息应用到真实世界，使真实环境和虚拟环境在同一空间存在，从而增强使用者与周围环境的互动能力的一种科技。增强现实技术将改变人们看待世界的方式，它将带来全新层面的电子信息，而这些信息可以实时地在手机屏幕、仿生学隐形眼镜等任何显示屏上看到，增强现实技术会让整个世界变得更加具有互动性。

现在，增强现实技术已经被应用到地理社交领域，它可以帮助用户找到周围有可能成为新朋友的人，而这一切只需一个小小的摄像头就可以实现，并能够使用户获取在某一地点遇到的人的信息。不管是在购物时、在观看体育比赛时、在

驾驶时，还是在闲逛时，你只需要通过摄像头拍摄他们的影像，之后便可以通过网络搜索获取关于这个人的所有信息，包括他们的喜好等。

想象一下，你现在在伦敦的哈罗德百货商店（Harrods）购物，通过增强现实技术，你不仅可以接收到你最喜欢的商品的促销信息，同时来自社交网络的提醒还会告诉你潜在的约会对象和生意伙伴就在楼上，或者就坐在你旁边的星巴克里。

增强现实技术确实能够将地理位置社交完全地"视觉化"，让我们2020年的生活变得更加有趣（关于增强现实技术的更多内容见第8章"互联与交汇时代的到来"）。

6. 网络社区——人多力量大

人们天生就喜欢在一个群体中分享、相互模仿和合作，而这一点无疑影响了社交网络领域。网络社区或博客等形式的出现使得人们可以相互交流各自的想法，分享共同的爱好。当前，一些流行的网络社区形式有博客、wikis、微博以及一些社交网站里面的小组等。然而有趣的是，一个网络社群的影响力已经不再仅仅是共享知识，它已经发展成了一种全面的支持群体或论坛，他们可能一起研发更多的新产品，或者对某些服务进行反馈，或者仅仅是聚集在一起支持一个社会公益活动。

现在，社交网络有了很大改变，它已经从最开始的在网络上结交新朋友、建立新联系，转变为在特定地点、特定时间，与志趣相投的人相互联系。社交群体也不再仅仅是一群熟识的人，而是一群有着相同爱好的、能熟练运用电子设备的用户，整个社交过程也将变得更加个性化。加入了地理位置服务的社交网络，将使我们未来的社交生活充满意外的发现，它对我们周围的环境将产生多方面的影响，让我们能够用一种实时的、基于地理位置的方式记录我们的生活，就像录制视频一般。无论何时何地，"报到"功能、基于地理位置的选择功能以及增强现实技术能够帮助我们无论走到哪里都可以留下足迹——在时间的长河留下属于我们自己的地理足迹，而这些足迹将可以一直保存于社交网络中。

机器人保姆

在未来十年中，在家中拥有自己忠心耿耿的私人保姆将不再是梦想。这些保姆指的是结合了机器人科技和人工智能技术的机器人，他们将会成为我们的管家，帮助我们管理家中的日常事务。

据美国军方预测，到 2030 年，30% 的军队将会由机器人组成。韩国政府预测，2013 年，韩国每个幼儿园将会拥有一个机器人，到 2020 年，每家每户会拥有一个机器人……虽然这些政府的预测听上去有些不大靠谱，但是请相信，在未来十年，我们会看到机器人将首次应用到普通人的生活中。

2008 年 11 月，我参观了本田汽车公司设在东京的全球总部。让我大吃一惊的是，向我问好并将我带到休息室的是机器人 ASIMO。我点了一杯饮料，尽管我坐的地方距 ASIMO 机器人有 200 多米远且不太好辨认，ASIMO 仍然准确无误地给我送上了饮料。那次经历让我第一次对机器人产生了兴趣，并促使我研究机器人会在未来的人类社会中扮演什么样的角色。

ASIMO 是 Advanced Step in Innovative Mobility 的缩写，最早研发于 1986 年，第一代诞生于 2000 年。其中，本田的工程师们花了 10 年的时间来研究如何让 ASIMO 行走，而最新一代的 ASIMO 于 2011 年 11 月发布。该款机器人在研发初期就被植入了人工智能系统，能够让它摆脱操控者，可以自己独立地做决定。所以，随着对 ASIMO 的不断改进，最新版的 ASIMO 的确和人类很接近。本田公司相信，机器人将在我们的生活中扮演重要角色，尤其是帮助那些有特殊移动需求的人。一些新的发明，如辅助步行设备和大步走路辅助器已经证明了这一点。当然会有人说，日本的人口已经出现负增长了，他们应该抓紧增加人口而不是建造机器人。

对机器人技术的研究最早开始于 20 世纪 50 年代和 60 年代。现在，机器人已经广泛应用于制造领域、航空领域、军事领域、民事安保领域以及交通领域。在制造业，机器人已经逐步代替了人力，从而减少了工伤事故的发生和残次品的出现；在汽车制造行业，机器人能使焊接更加精准，并且几乎达到零失误，优于人工；在医疗领域，机器人可以帮助医生非常精准地完成超出人类能力范围的一些手术，而且在有些情况下，这些手术是医生在距病人 200 多公里以外的地方通过远程操控机器人来完成的。

QinetiQ 是一家英国的国防科技公司，也是世界上军用机器人的领先供应商。

该公司已经售出了 3 000 个他们生产的 TALON 机器人，这种机器人可以用来探测由敌方所埋下的地雷。在一次向加拿大军队展示他们的 Dragon Runner 机器人时，QinetiQ 组织了一场表演：只见机器人爬上了台阶，慢慢进门，又上上下下几个台阶来到演讲台，然后挥舞着加拿大国旗向加拿大大使问好，最后敏捷地将一只冰球放进了大使的手中。加拿大人感到不可思议，毫不犹豫地购买了这款机器人。

人工智能技术的发展将使机器人从工业走向家庭，我们预期，在未来十年，机器人将首次被应用到家庭中。图 5—1 展示了机器人在日常生活中得到应用的一些例子。

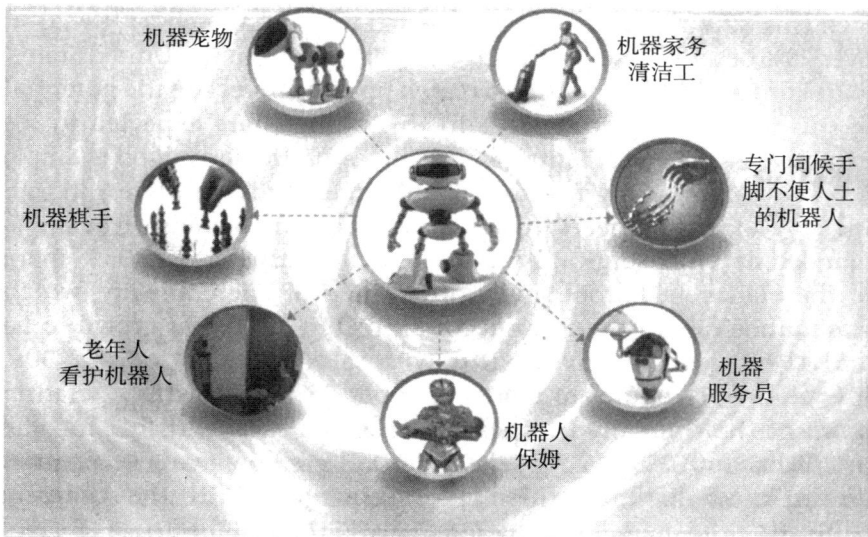

图 5—1　2030 年机器人应用将进入人们日常生活的示例

机器人应用所带来的启示

当机器人被应用到各种领域，这就意味着机器人行业会产生大量的财富。弗若斯特沙利文公司所做的一项调查表明，2009 年，全球机器人市场的收益为 14.26 亿美元，这一数字预计会在 2016 年翻一番，达到 29.45 亿美元，并且 2009

年至 2016 年期间的复合年增长率会达到 11%。医疗领域里机器人应用的增长速度会更加惊人，尤其是机器人辅助手术系统（Robot–Assisted Surgery，RAS）的复合年增长率将在未来十年超过 30%。这将为企业家和创新者创造巨大财富。机器人辅助手术市场的行业价值已从 2007 年的 4.95 亿美元飞速增长到了现在的几十亿美元。弗若斯特沙利文公司所研究分析的机器人辅助手术系统包括手术中用来放置内窥镜的机器人、手术中起定位和控制作用的机器人以及远程手术系统机器人（指手术中，医生通过控制台对机器人进行远程操控，并根据由机器人传送的数据操控机器人的手臂完成手术）。

美国已从机器人辅助手术系统市场收益中分得了 75% 的收益。欧洲现在刚刚起步，但也十分看好该技术的市场潜力。企业家们都希望看到市场出现爆发性的利润增长，其中有一家名为直觉外科的公司（Intuitive Surgical Inc.，ISRG）赚得盆满钵满。他们已经占据了欧洲和北美 95% 的市场份额，该公司于 1995 年成立，2000 年首次公开募股，2010 年，营业额较 2009 年增长了 34%。营业利润占总销售额的 39.3%，净收入占总销售额的 27%，公司市值已经达到了 14.1 亿美元。谁能告诉我，有多少企业的利润能够达到这一数字？目前，直觉外科公司正在全面培育全球市场，机器人技术的客户群也在不断增加，预计，公司收益将会以超过 25% 的速度实现可持续增长。除了新产品的问世，现有的机器人产品的销售增长也可以达到这一数字（更多关于机器人市场的分析，见第 6 章 "走向健康和幸福的未来"）。

来自机器人市场的竞争

我预测，不同领域的商家们，比如工业机器人制造商、医疗设备供应商、IT和网络巨头（如谷歌和微软），以及像本田这样的汽车制造商都将陆续涉足机器人市场，无疑将导致机器人市场上演激烈的竞争。

2008 年，本田公司在日本本土（当然在全球市场也是）最激烈的竞争对手丰田汽车公司决定寻本溯源，重新开始研发能够在制造业、短途个人交通、医护和医疗以及家庭辅助这四个领域使用的机器人。大众汽车公司也在做着类似的事情。汽车公司研究机器人制造？一开始我百思不得其解，但深思之后，我发现两者之间确实有些联系。汽车公司的主要业务是提供移动交通服务，机器人可以帮助他们更好地实现这一点。另外，他们研发电动车和混合动力车的经验也可以应用到研发机器人，因为电动机和电池同样可以用在机器人身上。现在，大多数的汽车公司都有能力制造半自主和全自动驾驶汽车，这种汽车可以通过运用大量的高级驾驶辅助系统技术，比如车道控制系统、紧急刹车辅助系统等完成自主驾驶。如果将这些技术和传感设备、导航系统和连接技术等结合起来，那就更加趋于完美。

近几年，谷歌开始研发无人驾驶汽车，标志着其开始涉足机器人领域。这不禁让人对未来充满了想象，不仅汽车公司开始制造机器人，就连像谷歌这样的IT巨头也开始研发无人驾驶汽车，机器人市场竞争的界限将变得越来越模糊。

我们身体里和家中的机器人

不妨想象一下，2020年，当你生病后去看医生时的情形：医生并没有要求你做血液或尿液检测，而是将一个微型机器人放入你的血液，它顺着血液的流动到达生病的部位，在医生的帮助下做出检测和诊断，并给生病的区域上药。这种机器人被称作纳米机器人。尽管这一市场目前尚未成熟，但在不久的将来，第一代纳米机器人的应用将被商业化。

纳米机器人使用纳米技术建造而成，大小接近1纳米（10^{-9}米）。目前，纳米机器人还处在研发的初级阶段，最可能首先应用于检测癌细胞、靶向给药以及细胞修复等领域。从长远来看，可能会被应用于手术。另外，它还可以应用于环境保护领域，比如，在有化学物品和危险品的环境中，纳米机器人可以被用来探测和测量环境中的有毒化学物。

一旦纳米机器人进入了我们的血液，离它们进驻我们的家庭也就不远了。比起保姆，机器人的好处在于它们不会生病请假，因此避免了一些麻烦。一旦它进入家庭，家用机器人将会是一个具有巨大商业潜力的领域。机器人将会和智能家庭中枢相连接，而智能家庭中枢这项技术已经有很多企业在研发，它将把家中的所有联网的设备连接在一起，不论是冰箱、咖啡机还是电动车。

　　未来，立法者也将针对机器人伤害人类的情况建立起相应的法律法规。大量关于机器人的争议和辩论也会出现。想象一下，一个电影《星际迷航》系列的影迷说："我需要有一台有自主意愿的机器人。"如果我们让史蒂文·斯皮尔伯格来为我们设计机器人，他的机器人一定会带有人类的情感。显然，机器人已经从原先能够完成流水线上简单工作的机器变成了能够像人类一样完成复杂任务的智能系统，就像人类一样。现在的问题是：再过多久，我们才会看到机器人出现在我们家庭中？

　　我说，在未来的十年中，就会发生。

iPad一代和"小皇帝"一代

　　在美国，"Y 一代"指的是"婴儿潮"出生的一代人的子女们，这些孩子们出生于 20 世纪 70 年代至 90 年代，通常也被叫做千禧年一代或 ipad 一代，有些时候也叫做彼得·潘一代。而"Z 一代"又称为网络一代或数字一代，它指的是 20 世纪 90 年代以后出生的孩子们。在我看来，Y 一代和 Z 一代将会是未来二十年最重要的两代人。处于这一年龄段的群体能够迅速适应变化，最愿意尝试新技术和新产品，并且更看重实时地、按需获取信息和服务，他们有着完全不同的价值观、信仰、兴趣爱好和生活方式。最有意思的是，我们会发现，这些年轻人会教授他们的长辈新技术和新技能，而老一辈人也不得不学习和适应 Y 一代使用的新产品和新生活方式。

　　我印象中看过的最有意思的演讲是几年前一帮美国国家宇航局的年轻人的演讲。当时，美国宇航局的管理层要求他们想办法吸引更多的 Y 一代的目光，让年轻人对美国的太空计划更感兴趣。为此，他们发表了一次名为"Y 一代视角"的演讲，现在还可以在 SlideShare 网站上看到。我认为，这一演讲对所有想与 Y 一代建立联系的企业们都是十分有价值的。更有意思的是，在那个演讲之后，美国宇航局果真作出了改变，他们采取了新的市场营销技巧迎合了 Y 一代的需求。

美国国家宇航局在招唤Y一代

2007年，美国国家宇航局意识到，Y一代似乎对太空探索并不感兴趣。这些年龄在18~24岁之间的年轻人，既不知道美国国家宇航局的任务计划，也丝毫没有想要参与的愿望，而且在他们中间，有40%的人反对美国国家宇航局的太空任务，39%的人认为美国国家宇航局的探索研究没有任何价值；西班牙裔Y一代对美国国家宇航局的反感最为强烈，而亚裔Y一代略微好一些。虽然美国国家宇航局在火星探测方面取得了非凡的成就，但他们却忽视了吸引Y一代目光的重要性。然而，Y一代是他们未来的主要劳动力，更重要的是，也是他们未来的投资者和赞助者，因为美国国家宇航局在接下来的二十年里需要累积3 000亿美元的资金，而这些资金的投放要得到Y一代决策者们的同意。这样看来，Y一代的负面看法确实是美国国家宇航局所面临的一个严重问题。

美国国家宇航局意识到，问题的根本在于他们从来没有邀请Y一代参与，因此，管理层决定，让4名在美国国家宇航局工作的Y一代年轻人给他们出谋划策，想想如何才能使他们的组织对Y一代更具有吸引力。

然而正是这4名年轻人让美国国家宇航局明白了，为什么他们没有与年轻人成功地建立联系。他们发现，美国国家宇航局的人员的年龄分布太不均匀，45岁以上的人数大约占了总数的75%）。所以，他们开始尝试让美国国家宇航局的所有员工理解Y一代的价值观、信仰以及他们对事物的看法，并建议说："不要告诉我们你们想让我们听到什么，相反，你们应该积极地与我们对话和讨论，让我们参与到你们任务中来，给我们讲些吸引人的故事，贴近我们熟悉的生活。熟练地运用社交媒体，激发大家的对话和谈论。与此同时，你们还要树立一个创新领导者的形象。"

之后这个演讲被广泛传播，并在美国国家宇航局内部引起了激烈的讨论。最终，美国国家宇航局做出了一些新的倡议和计划，包括开始更公开地使用一些社交媒体，制作了一些如"宇航员在太空发Twitter"之类的新闻标题，2010年10月更是迈出了地理社交方面的一大步——他们和 Gowalla 合作，推出了一个叫做《月亮流石》（*Moon Rock*）的虚拟寻宝游戏，在游戏中，玩家们可以在不同地点寻找与太空相关的虚拟物品。

这个演讲帮助美国国家宇航局的管理层重新审视和评价了他们的营销战略、公共关系以及招聘和其他管理工作的原则，也使美国国家宇航局成了美国首个拥护社交媒体的公共机构，同时，他们模仿 Facebook 的名字，将内部网站起名为 Spacebook。从那以后，美国国家宇航局的文化发生了很大的改变，那些之前在 Y 一代眼中古板、不愿接触新事物的科学家们开始积极地融入到年轻人的世界。最重要的是，他们展示了美国国家宇航局正在做的超级酷的事情：这可是货真价实的火箭科学！

和他们父母那一代也就是在婴儿潮出生的那一代相比，数字一代截然不同。我曾经和许多汽车公司合作过，他们注意到 Y 一代有以下显著的特点，比方说，当 Y 一代的年轻人想要从 A 地到 B 地时，他们不一定选择私人汽车，而是更喜欢使用公共交通工具或微型交通方案，如单轮滑车。汽车对婴儿潮一代来说代表着个性、自由和解放，就像 20 世纪 70 年代末的电影里所表现的，也正是由于这一代人对汽车的渴望，让美国汽车工业在 2000 年左右达到顶峰，售出了近 1 600

万辆汽车。在 20 世纪 70 年代末，美国 16 岁的青年中有二分之一的人申请驾照，而到 2010 年，这一比例下降到了三分之一。与此同时，在德国、英国、日本和法国，18 岁 ~29 岁之间的年轻人的私车保有量也下降了 4%~10%。在日本东京，学车的人越来越少，很多驾校都不得不推出一些优惠政策来吸引客户，比如，免费按摩、驾驶宝马在高速路上学车，或者给摩托车爱好者提供试骑哈雷车的机会等。一些汽车公司，如丰田，甚至买通了驾校，为学员提供购买普锐斯和其他新型号汽车的优惠，以吸引更多的 Y 一代。

为了吸引 Y 一代客户，很多行业包括汽车制造业都开始开发并推广新型汽车，如丰田赛思（Toyota Scion）、日产立方（Nissan Cube）和起亚秀尔（Kia Soul）。菲亚特也意识到他们正在逐渐失去意大利的年轻客户市场，于是研制一款带有"生态驾驶"功能的汽车。通过运用生态驾驶功能，驾驶者可以将数据线插入车内的 USB，从而将自己的驾驶行为下载并上传到电脑。菲亚特从中获取了大量数据来分析用户的驾驶行为，结果是，他们对这一特性所产生的效果感到非常震惊，于是他们决定解雇 10 个专业试驾者，而由数字一代的年轻人取而代之。

所以，Y 一代的特点是什么？我们应该怎么做才能迎合他们的需求？我们在弗若斯特沙利文公司做了两项调查，访问了美国和欧洲五个国家的 3 600 名 Y 一代年轻人。以下是我们的调查结果。

很大一部分 Y 一代和父母中的一位一起生活，比他们父母那一代更加开放，而他们婴儿潮一代的父母教会他们要有社会意识，所以对他们来说，分享、奉献和参与更重要的，而不是贪图利益。因此，90% 的 Y 一代对那些支持公共事业的企业更加青睐。

- 态度和信仰。舒适、地位和富有在 Y 一代的价值观中是最重要的，紧随其后的是环境和可持续性。
- 对新技术的高关注度。超过一半的 Y 一代家中有宽带网络，同时还有音响系统、笔记本电脑、宽屏幕电视、便携 MP3 以及家庭游戏设备。他们是数码设备的追随者。

● 个性化。Y一代中的男性尤其对个性化感兴趣。收入越高，个性化的意愿就越强。音响设备（扬声器）是Y一代最希望在未来的汽车上实现个性化的装备，他们也最愿意为此而增加消费。

● 影响和自我表达。朋友、电视和社交媒体是对Y一代购买新产品依次产生影响力的三大因素。对他们来说，纸媒和广播提供的信息远不如前三者。

● 高要求、缺乏耐心，即"速度与激情"。他们需要最即时的信息、讨论和回复，对用语音控制设备的需求越来越强烈。

● 个人主义。那些符合他们个人价值观的产品对他们更有吸引力。

● 价格意识。他们有自己的预算，更喜欢在网上搜索产品价格，并在网上进行比价，而且对社交媒体的营销手段更感兴趣。

● 影响者。他们对在婴儿潮时期出生的父母有很大的购买影响力，这缘于他们之间的密切关系。

● 合作比关系对他们来说更重要。

"Y一代"趋势所带来的启示

是东方而不是西方Y一代，将成为改变世界的一代。我深信，亚洲和发展中国家的Y一代和Z一代才是真正能够影响未来的一代，他们的影响力远超过欧洲、美国和日本的Y一代和Z一代。2020年，全世界人口预计会达到75亿，其中年龄在15~34岁的人群大约有25.6亿，而其中的61%来自亚洲。也就是说，到2020年，亚洲的Y一代和Z一代（尤其是中国和印度）大约有10.1亿人。同样的，其他一些发展中国家，如土耳其也将会有非常庞大的年轻人群，目前，在土耳其的7 500万人口中，一半的人年龄在29岁以下。图5—2展示了到2020年全球人口的构成情况。

由于东半球Y一代的人口数量庞大，对数码产品的数量和品质需求也会越来越高，因此他们将会成为世界上最重要、最有影响力而且最值得关注的消费群体。在中国，15~34岁的人通常被称作"小皇帝"一代，这是由于他们是在独生

世界人口：按地区分（全球），2020年

2020 75.5亿

| | 1.2 | 2.1 | 2.56 | 1.69 |

单中国和印度的Y一代人口数量将占全球的37%

中国 0.16 0.57 0.51 0.22

印度 0.10 0.44 0.47 0.38

欧洲 0.22 0.23 0.26 0.13

北美洲 0.07 0.13 0.11 0.07

拉丁美洲、加勒比海及大洋洲地区 0.12 0.21 0.22 0.14

亚洲其余地区 0.47 0.19 0.62 0.40

非洲 0.07 0.33 0.37 0.36

人口数量（以十亿为单位）

0–14　15–34　35–64　65岁及以上

人口数量（以十亿为单位）

1.8 1.6 1.4 1.2 1 0.8 0.6 0.4 0.2 0

2010 68.3亿 0.53 2.25 2.24 1.81

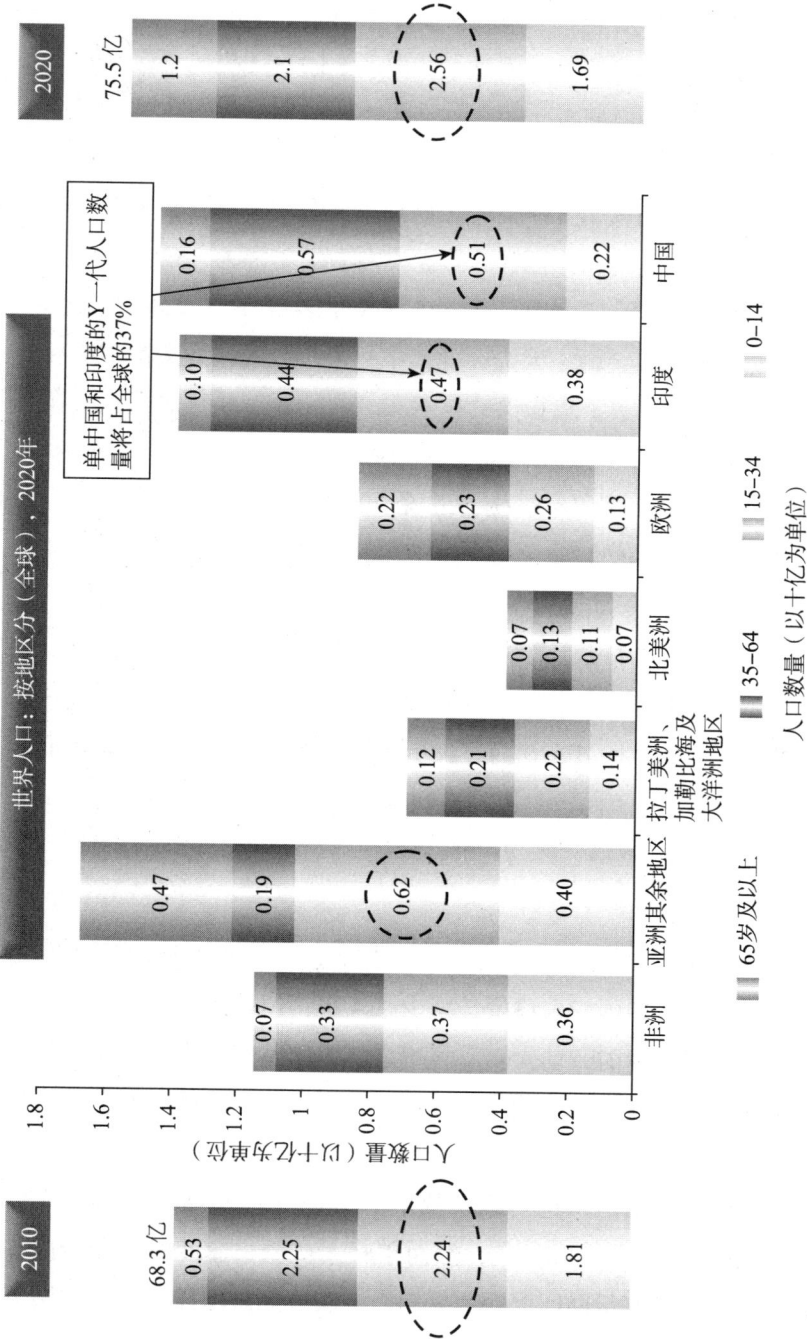

图5—2　2020年全球人口组成

资料来源：美国人口调查局和联合国经济社会局

103

子女政策下出生的一代，集父母和祖父母的宠爱于一身，然而，再过十年，将会是他们回报的时候了。他们需要照顾逐渐衰老的双亲，同时还要担负起照顾失去独立生活能力的祖父母的责任。

在与中国和印度的年轻人交流中，我们发现，他们比西方的同龄人更有进取精神、更有活力、更有创业天赋。几年前，我们到中国考察，并在几家汽车公司做了演讲。当时，台下90%以上的听众都是25岁左右的年轻人，这让我感到十分惊讶。我开始担心语言障碍问题，还怀疑他们对我们给出的建议能理解多少，之后的事实证明我的担心是多余的。因为，他们中的大多数人在我演讲结束后的12至18个月内就在公司中落实了我给出的技术和战略建议。相比之下，我在底特律做演讲时，下面的听众主要是婴儿潮一代和X一代（年龄在35—64岁之间的人），他们更关心自己的工作，而不是整个企业的发展。

如果你曾经在亚洲做过生意的话，尤其在东盟地区、印度和中国，你就会发现很大的不同，与你做生意的人大多都是30岁左右的人，而且从你提出要求到得到满足，很可能只需要几天甚至几个小时，而不是几周或几个月；从你提出建议到他们采纳建议，通常也只有几个月的时间，而不会是几年。那里的年轻一代变得越来越富有创业精神，就像过去在西方出现过的情形一样。因此，如果下一个Facebook神话出现在中国的成都或印度的班加罗尔的话，可不要太惊讶了！

中国独生子女政策的逐步放开

为了缓解人口增长所带来的巨大压力，中国的独生子女政策于1979年开始实施，尽管独生子女政策使中国的人口增长减少了4亿，但也带来了一个很严重的问题，那就是它减少了中国的劳动人口。相比之下，印度抑制人口增长的手段或许更值得研究。在2010年至2020年间，印度的劳动人口的增长速度将达到17.4%，而中国的劳动人口增长只有0.3%；印度达到劳动年龄的人口数接近1.2亿，而中国只有1200万。虽然从绝对人口数量上来看，中国15—64岁的人口总数将有9.88亿，略多于印度的9.33亿，然而年轻人口增长速度的差异会使印度比中国更具优势，从而能够帮助印度在增加内需、实现经济增长，甚至在制造业上挑战中国的权威。目前，中国政府正在考虑逐步放开独生子女政策，其中一个导致中国想要放开独生子女政策的关键因素是，制造业需要维持大量的劳动适龄人口。人口预测显示，如果当前中国的独生子女政策继续存在20年，那么当今天的孩子成长到20岁的时候，他们将面临照顾4位父母和孩子的压力。

新一代领导人的政治改革

　　几个月前，我很高兴见到了我当年就读的商学院的院长、现任英国上议院议员的肯·伍尔墨勋爵（Lord Ken Woolmer），他邀请我参加英国议会在威斯敏斯特宫举办的下午茶会。在茶会上，我们聊了一些关于我的趋势研究工作，而且我也告诉他，自己对政治越来越感兴趣。伍尔墨勋爵建议我研究一下新一代领导人的政治改革，也就是新一代领导人将如何对一个国家的政治产生影响，并且为各个领域带来巨大的改变。比如英国前首相托尼·布莱尔，众所周知，布莱尔就任首相时只有43岁，是英国最年轻的首相之一。我对这一想法很感兴趣。几个月之后，我遇到了我的朋友，也是我当年在英国利兹大学商学院的校友普利特维拉·萨瑟（Pritviraj Sathe），他出身于印度的一个政治世家。

　　根据相关数据统计，到2020年，印度会有世界上最年轻的人口结构，印度13.9亿的城市居民中有8.5亿会在34岁以下，甘地家族的第四代人物拉赫·甘地（Rahul Gandhi）很有可能成为印度第一大党——印度国民大会党的领袖。届时，印度整个国家将处于新一代政治改革的风口浪尖上。萨瑟告诉我，拉赫·甘地的父亲当年当选总理时年仅40岁，是印度有史以来最年轻的总理，而且在位时推行了几项政治改革，并在20世纪80年代将科技和IT产业引入到印度。人们普遍相信，正是他的这些作为，为印度成为当今世界软件大国打下了基础，而且相信拉赫·甘地也会像他父亲那样成为印度政治的革新者。萨瑟还提到了其他很多印度的第三代和第四代政治家的名字，他们大都出生于20世纪70年代，年龄都在30岁到40岁左右，却已经担任了部长级的职务。值得注意的是，和他们的父母那一代不同，他们生来富有，衣食无忧，因此不会轻易走上腐败的道路。他们更有决心和动力为自己的祖国变得更加强大而做些实事。由拉赫·甘地领导的印度青年党已经将领导能力培训课程作为公务员的必修课，并和他的团队一起正在为提高印度青年国大党的领导水平做一些事。这意味着，印度的下一代领导人将会有一套全然不同的方针和准则。

那么，新一代领导人的政治改革对企业界意味着什么呢？总体来说，是利好的。发展、创新、领导，这些用在企业界的口号将被用在政治领域。在政治管理中，专业能力和领导能力将显得越来越重要；发展中国家的领导人教育水平不断提高以及年轻人对腐败零容忍的态度，会使发展中国家的腐败程度呈下降趋势，正如我们在印度看到的一样，当下还未实行民主的国家将会把民主改革提上日程；那些即将实行政治改革的国家，会在政府管理中采用现代的商业模式和全球战略视角；政府资产私有化的比例将被提高；公共部门和私有部门相互合作将会成为基础设施建设的主流模式；政府会将更多的商业功能外包给私人企业。

当然我们还是要小心谨慎为好，毕竟改变一个国家的政治体制以及社会经济中的利益本质不会像改变一个社会的年龄结构那样容易。年轻人对改革的热忱通常并没有经过深思熟虑，而且往往并没有达成一致，势必会对现有的政治秩序带来冲击，尤其是当他们面对的是一股保守势力时候。所以，在印度发生的改革也许并不适用于中国、利比亚和埃及。然而，对于这些年轻一代将要带给他们国家以及其他国家的政治改革，我们还是应该采取乐观态度的。

可以肯定的是，未来十年，新一代的政治改革将会改变整个世界。到 2020 年，全球人口中的 56% 将会是 34 岁以下的年轻人，这无疑给了我们充足的理由来期待将会出现的一些重大的政治改革。

人才回流和全球人才战争

20 世纪是发展中国家向发达国家经济移民的高峰。在 21 世纪，我们不仅会看到人才回流的出现，即那些经济移民的第二代、第三代会返回到他们的祖国，还会看到一些来自发达国家而且受过良好教育的人为了寻找好的工作机会而移民到像巴西、印度和中国这样的国家。在未来，我们同样还会看到，不管是国家还是企业，都会为了留住人才而采取一些强硬的政策。

我自己也曾是一名经济移民，为了将来有较高的收入和更好的职业发展，25岁的时候来到英国的利兹大学商学院读MBA。其实我最初的选择是到美国留学，但美国没有批准我的留学签证，可16年后，我发现，当年移民到美国和欧洲的同学们和我一样认为，印度的工作岗位更有吸引力。因此，他们当中的很多人又选择回到印度，接受了高管的职位，领着高薪和令人羡慕的额外收入。连我的德国妻子也觉得，如果有这样的待遇，印度大街小巷的脏乱和嘈杂还是可以忍受的。

印度经济的崛起和人才短缺的现状吸引了大批人才回国发展，而印度也是世界上首个出现这种现象的国家。在2006年和2009年我主持的一项研究计划中发现，到2015年，在中国、波兰和菲律宾会有多达200万个提供给外籍人士的业务流程外包和知识流程外包（BPO–KPO）的岗位，而且提供的薪水也与发达国家持平。而印度将会有20万个首席官职位空缺，这些职位不仅会属于那些回国工作的印度人，也会属于那些来印度找工作的美国人和欧洲人。现在，印度的企业已经开始雇用西方国家的高管来管理本地业务和发展全球市场。比如，2010年12月，印度最知名的汽车公司和制造商塔塔汽车（Tata Motors）宣布，卡尔·皮特·福斯特（Carl Peter Foster）被任命为集团的CEO，负责塔塔汽车公司的全球事务，包括管理总部设在英国的捷豹和路虎。在加入塔塔之前，福斯特是通用汽车公司欧洲事业部的CEO，最近因个人原因宣布辞职，但仍是公司的董事会成员。相似的情况正出现在印度的医药业、银行业、金融业、房地产以及很多领域的企业中，它们都在雇用外籍CEO。此外，印度还需要大量的外籍飞行员。目前，在印度国内航空任职的外籍飞行员有1 000人左右，但令人担忧的是，这些飞行员很多来自俄罗斯，他们既不会英语也不会印度语。

2010年，对美国各大商学院的MBA毕业生来说，印度是他们最喜欢去找工作的地方，为了获得工作经验，很多人都愿意到那里实习。许多美国顶尖商学院的报告都表明，选择到海外新兴市场（如印度、中国、俄罗斯和巴西）工作的学生越来越多。2010年，沃顿商学院的MBA毕业生中有25%目前在海外工作，而就在几年前，这个数字仅为16%。目前，这一趋势不再仅局限于MBA专业的国际学生，也反映出未来很多工作机会将出现在发展中国家，而不是发达国家。

人才回流所带来的启示

我现在是利兹大学商学院咨询委员会的成员之一。最近我们发现，学校的本科和硕士项目涌入了大量的中国学生，人数超过了过去 7 年到 10 年里印度学生的总数。多亏英国政府出台的新大学学费政策，要不这些大学肯定难以维持他们一贯的高标准。这些学生来英国学习，为的是取得国外的文凭，以便将来回国后找到好的工作，并且获得更高的薪酬。

我的公司在印度有一个研究中心，集各种研究功能于一体，这在研究和咨询领域是十分常见的一种做法，甚至像麦肯锡这样的公司也是如此。鉴于研究中心的业务范围涉及全球，我提出一项建议，即雇用那些来自钦奈且在我们的核心市场（如德国、法国、美国）学习的学生。为了减少人才流失率，我们制定了一项规定，即设在各地区的办公室只雇用当地人。到目前为止，这项规定一直执行得很好，并且为我们的团队带来了实际效果，也正在被公司中的其他部门效仿。我的团队有很多来自钦奈的很有才干的工程师，他们都拥有德国顶尖建筑学院的硕士学位，在德国待了四年后，他们的德语甚至带着德国不同地区的口音，在接电话的时候绝对可以骗过任何一个德国人。

最近，由于我们设在北京和上海的办公室找不到具有相关专业资格又会说英语的中国员工，我又发起了一个类似的提议，和英国的商学院合作，联系那些正在英国的中国留学生，在他们回国之前，为他们举行为期几个月的培训，这样，他们在回国后就可以为我们工作。这些中国学生更喜欢在中国为那些总部在欧洲的公司工作，这对他们将来的职业发展十分有利。

而发达国家的很多工作领域，如研发、医药、建筑工程和分析等都需要有良好的知识结构和量化分析能力的人才，因此大量来自发展中国家且受过良好教育的学生成了企业的首选。发达国家的年轻人对科学和建筑工程并不感兴趣，从大学里学习这些专业的发达国家学生人数越来越少就能看出。比如在美国几所大学的这些专业中，有五分之三的博士是外国学生，五分之二研究生是外国学生。因此，企业比以前更容易雇用这些国际学生，然后再将他们派回到他们的祖国。

我强烈建议那些准备在发展中国家扩张的企业和组织应好好利用所在国的海外留学生资源，先对他们进行培训，然后再将他们派回到他们的祖国。由这些国际学生组成的团队将会是一个充满激情和活力、有才华、有干劲的团队。

国家充当起猎头的角色

印度并不是唯一一个面临大量外国人才回流和本国人才回流的国家。在吸引海外高层次人才方面，中国政府的做法显得更有组织性。2009 年 1 月，中国政府曾发起一项千人计划，一次性给予每位顶尖研究人员人民币 100 万元的资助（相当于 14.6 万美元），同时还提供丰厚的薪酬和实验室资助等其他待遇条件，从而吸引和支持海外高层次人才回国创业。这样做的目的是为了解决当前中国在全球化中遇到的一个最大的难题——专业研究型科技人才短缺的问题。一些已经在此政策下回到中国的研究人员表示，这一项目最大的吸引力在于能够允许他们从零开始建立一个科研项目，在西方很多的研发机构和实验室都面临资金短缺的情况下，回中国发展显然更有吸引力。

除了印度和中国，韩国以及一些拉丁美洲国家如墨西哥和巴西，也在想尽办法吸引自己的海外人才回本土发展。这些国家和地区出现这种现象的原因各不相同，比如在韩国，由于受很强的文化氛围和人们的思想观念所致，家长要求子女们回到自己的家乡发展，尤其是那些独生子女家庭。

而一些国家如俄罗斯，还没有意识到人才外流可能带来的影响。第二次世界大战之后，俄罗斯一些有经验的科学家逐渐离开他们的祖国到西方国家发展。一开始是缓慢的人才外流，后来演变成了大批的科学家出走，这无疑对俄罗斯——这个曾经首次将人类送上太空的国家是一个沉重的打击。现在，俄罗斯人也渐渐意识到了人才流失所带来的损失。2011 年 9 月，时任俄罗斯总理的普京曾在一次讲话中提到，要开始采取具体的行动、落实有效的政策，帮助大批离开的俄罗斯人才重新回到祖国。

像美国这样的国家，已经能够很好地利用他们的移民政策，并从人才流入中获利良多，比如在硅谷，有 50% 的新兴企业都是由移民建立的。一些国家如德国，在吸引人才方面有很严格的限制，但是他们的科技产业依然发展得很好，这是因为德国向来有支持创新和卓越工程管理的国家文化。然而，随着像印度、中国以及韩国等国家大量、快速地培养工程师和科学家，包括大力发展商学院和高等学府，未来，西方国家必须通过完善移民政策以鼓励和限制人才的互通。

因此，如果说将来西方国家会给外国留学生发放一张永久无限期居留签证或绿卡，我一点儿也不会感到吃惊。如果你是一位来自印度、韩国、巴西、土耳其或中国的第二代或第三代移民，我建议你认真考虑一下回到你的祖国发展几年；如果你来自日本、欧洲或美国，我建议你最好拥有在亚洲或拉丁美洲国家工作的经历以及相关的语言技能，这些都会让你的简历更有竞争力。

中产阶级的优势

在过去几年，全世界都在讨论中产阶级这一话题，以及它将如何改变整个世界。现在，似乎到了该采取行动的时候了。

未来十年，全世界范围内的中产阶级群体将逐渐壮大，而这也将大大拉动发展中国家的经济增长，并有可能让欧洲摆脱当前的经济颓势。

在不同国家和地区，"中产阶级"的标准不尽相同，而这也给相关方面的研究和调查造成了不少麻烦。当弗若斯特沙利文公司试图将全球数据整合在一起时，就面临着这个噩梦般的难题，甚至连联合国也没有一致的数据来描述和对比中产阶级群体的大小。因此，在几周的数据采集、整理和对比之后，我们制定了这样一个关于中产阶级的定义，将年收入大约在 3 200 美元到 60 000 美元（不同的发展中国家，标准不同，取决于经济发展情况和汇率）之间的人群定义为中产阶级。但是，如果一个欧洲人或美国人的收入在这一区间内，那么他就处于贫困线以下，因此会有人提出异议，这不能算作是中产阶级的定义。说实话，我同意这样的观点，但是出于全球的比对考虑，这一数字似乎是最合适的。像印度这样的发展中国家，一个人年收入 6 000 美元相当于在美国的年收入为 35 000 美元，所以相对来说，这一数字还是比较准确的。

现在让我们来分析一下 2020 年全球年收入在 3 200 美元到 60 000 美元之间的人群总数。你一定会非常惊讶，到那时，世界上 42% 的人口的收入将会在这一区间内。印度将会有 8.64 亿人的年收入达到中产阶级的水平，而中产阶级可以进一步分为三个等级。图 5—3 显示了 2010 年和 2020 年印度的中产阶级人口状况。麦肯锡咨询公司所做的一项研究显示，到 2025 年，印度中产阶级人口的扩大将使印度从现在的全世界第 12 大消费市场上升到全球第 5 大消费市场。

由于经济的持续增长，到 2020 年，中国的中产阶级人口将从 2005 年的 6 500 万上升到 9.49 亿；俄罗斯的中产阶级应该会占到其 1.4 亿人口总数的 40% 到 70%；巴西也会有 1.4 亿的人口属于中产阶级；在南非，我们将看到 "White flight, Black diamonds" 的现象出现，这句话在南非的意思是指白人将逐渐离开这个国家，而大量的新兴黑人中产阶级将会成为拉动国家经济增长的主力军。

随着收入的提高，日益壮大的中产阶级群体将在下一个十年改变全球的消费市场，这对商业领域来说无疑是个天大的好消息。一些关于中产阶级消费模式的研究表明，除了对生活必需品（如食品和饮料）的大量支出外，中产阶级在以下方面的支出也将大大提高（以下各类支出按递减方式依次排序）：住房、交通、医疗、休闲娱乐产品和服务、家居用品和服务、个人用品和服务以及衣服鞋帽。汽车行业也将大大受益。全球每年的汽车销量将超过 1 亿辆，50% 的汽车将会销往亚洲市场，其中，小排量汽车在中产阶级群体中的销量会格外地好，他们中的很多人会直接从自行车换成汽车（就像在中国过去十年中所看到的那样）。另外，旅游与酒店餐饮业也将受惠于此，我们会看到外出度假旅行的人数增多、直飞海外的航班班次增加以及各种主题公园的出现。总而言之，中产阶级群体的消费几乎涉及所有领域的所有产品和服务，从智能手机、iPad 到可口可乐和美国运通卡，无所不包。

商业领域里最大的机会在于发展中产阶级群体买得起的产品，以及打破陈规、不断创造出新的经济模式。

在本书的第 8 章中，我们将会提到未来的商业模式，即一种叫做"给予更多人的价值"（Value for Many）的模式，它能够被充分地应用于发展创新型且物美

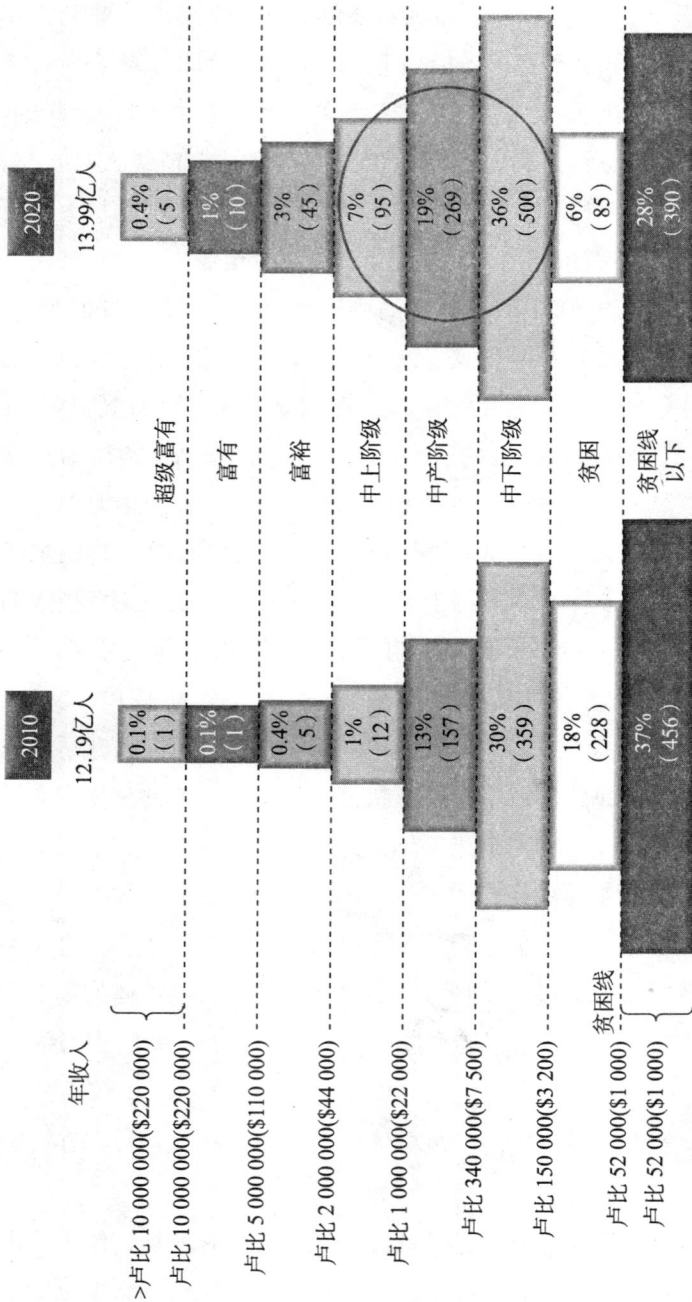

图 5—3　中产阶级的崛起——到 2020 年印度的中产阶级人口

资料来源：印度国家应用经济研究理事会；弗若斯特沙利文公司分）

2020 13.99亿人

超级富有	0.4%（5）
富有	1%（10）
富裕	3%（45）
中上阶级	7%（95）
中产阶级	19%（269）
中下阶级	36%（500）
贫困	6%（85）
贫困线以下	28%（390）

2010 12.19亿人

| 0.1%（1） | 0.1%（1） | 0.4%（5） | 1%（12） | 13%（157） | 30%（359） | 18%（228） | 37%（456） |

年收入

> 卢比 10 000 000($220 000)
卢比 10 000 000($220 000)
卢比 5 000 000($110 000)
卢比 2 000 000($44 000)
卢比 1 000 000($22 000)
卢比 340 000($7 500)
卢比 150 000($3 200)
贫困线
卢比 52 000($1 000)
卢比 52 000($1 000)

价廉的产品和服务的商业计划中。有人曾经问我，宝洁公司该怎样做才能将产品使用率从全球每天 50 亿人次提高到 60 亿人次。答案其实很简单：为那些新加入中产阶级群体的人们，设计新的和提供已有的产品系列，因为这些人将会成为宝洁公司众多系列产品的首次购买者。

因此，中产阶级无疑将成为 21 世纪最重要、发展速度最快的群体。

女性的力量

21 世纪，女性担任的角色要比上个世纪重要得多。随着无形的职场障碍被不断地突破，到 2020 年，全球三分之一的工作人口将会是女性，女性员工的薪水将与男性员工持平甚至高于男性员工，而且她们将担任企业 CEO 或者其他领导职位，全权负责制定企业的商业战略。另外，到 2020 年，在美国、印度和欧洲，40% 的劳动力将会是女性，而世界各国的政府中，女性官员的比率将会高达 25%。

在一些国家和地区包括欧洲会出台新的法律，确保女性可以进入企业的董事会，从而保证董事会成员中有 30% 为女性。挪威已经立法规定，该国所有企业的董事会中的女性比例要占到 40%，是欧盟成员国中最高的。这一点得到了欧盟委员会的积极效仿，如今，欧洲发展水平排名前 17 的国家中有 10 个国家已经制定了公司准则，以保证女性在董事会中的比例。然而，就全球而言，董事会中女性成员的占比依然还是少得可怜。英国的富时 100 公司中，只有 12.5% 的企业的董事会中有女性成员，而美国财富 500 强企业中只有 11 家企业拥有女性 CEO，不过，这种情况将很快发生改变。

随着参加工作的女性数量越来越多，这无疑会对我们的社会和文化产生重大影响。这一现象会导致一些新趋势的出现，如晚婚（对像印度这样的国家来说，会在很大程度上影响出生率乃至影响到整个社会）、晚育、家庭主夫、独生子女家庭以及单亲父母。目前，在英国，年龄 40 岁及以上的妇女接受生育治疗的数量增长了十倍。

还有一个引起争议的问题，那就是未来十年会出现一种能够将女性更年期延迟 5 至 10 年的药物，这将导致一场生育革命，女性可以通过延迟生育的时间，从而延长她们的教育和职业生涯。从生物学角度来说，女性在职业生涯中较男性而言处于不利的地位，但这种药物可以保证女性在她们的早期职业生活中克服一些障碍。

在几乎所有的行业中，女性的力量都将越来越强大。尤其是在消费领域，超过50%的顾客会是女性，而90%的决策者也是女性。甚至是在B2B的市场中，女性将承担扮演越来越重要的影响者和决策者的角色。作为一家企业，必须要根据这种现象和趋势作出改变，并对员工进行相应的培训。我曾为一家照明公司做咨询项目，我们一同研究了这一大趋势会对他们的业务产生何种影响。该公司公共照明部门的业务拓展经理告诉我说，他经常需要把他们的解决方案出售给女性决策者和管理者。他发现，她们对解决方案的要求不仅仅限于产品的技术和功能，还要考虑一些情感、审美和幸福感等因素。和女性做生意时，决策是一个漫长的过程，但因为她们十分注重在一个合作的团队环境中检查产品的功能性而变得更加全面。

我对此感同身受。几年前，一个由5人组成的委员会正在为选举我们的新任人力资源部经理进行最后一轮投票。委员会中的女性数量超过了男性，在最后的候选名单中也是如此。当时女性成员们对于团队动态、团队观察以及选择标准的讨论，让我大开眼界。委员会中的女性们对女候选人更加苛刻，连时尚品味、衣着的选择和色彩搭配（包括手袋的品牌）都在被讨论的范围之内，而我们男性成员对这些细节从来没有注意过。而且对女性来说，一些最基本的礼仪，如一个有力的握手，都被视为是一种特殊的行为表现特征。结果，得票数最多的是一位善于倾听，善于主动与他人接触，并能与他人进行直接而清晰交流的女性，她也是最不张扬的一个，但思想却开明，能够虚心接受他人的意见。

在未来，女性将会成为重要的顾客群体，也会在未来的职场上成为重要的同事和合作伙伴。我们个人和企业需要据此做出调整，从而顺应这一趋势。

06

走向健康、安康与幸福的未来

假如你问我，过去十年最主要的大趋势是什么，我会说是可持续性发展和环境问题。而如果问我未来十年最主要的趋势是什么的话，我预测，健康、安康和幸福将会是下一个十年中最重要的理念，它比可持续性发展有更加深远的意义。实际上，如果按照康德拉捷夫长波① （Kondratieff Cycles）的逻辑理论，健康、安康和幸福将会是下一个循环，一直延续到 2025 年甚至更久。

从全球范围来看，资金的流动使得这一趋势的重要性更加突出。在西方，医疗方面的支出已经占到了 GDP 的 10%~15%。而像美国这样的国家，医疗支出已高达 GDP 的 17%，在近几年更是超过了 25 万亿美元。世界上几乎所有的国家，人均医疗支出的增长比人均收入的增长要快得多。如果这样的趋势持续下去的话，医疗支出占 GDP 的比例将会在今后 20 年到 30 年里翻一番。然而这些医疗支出是不可持续的，总得有人来为此买单。这也就不难理解为什么奥巴马总统在他就任的前几年，要运用他大量的政治资本来推进医疗改革。因为他和他的团队深知，当前美国的医疗支出状况，需要进行全面的革新，从而避免出现因医疗支出占国家 GDP 的 20% 至 30% 而出的可怕经济后果，更何况此时美国还背负着巨额债务。

---

① 在现代资本主义经济体中，康德拉捷夫长波又称长波或 K– 波，是一种约 50~60 年为一循环的经济周期现象。——译者注

2010 年，65 岁的人口已经占全球人口总数的 8%（5.83 亿），到 2020 年这一比例将上升到 10%（8.4 亿）。年龄在 65 岁以上的人口使用医疗服务的概率是年轻人的 3 到 5 倍，而且在这些人之中，75% 的人患有一种慢性疾病，超过一半的人有两三种慢性疾病（慢性疾病的支出占医疗总支出的 60% 以上）。西方国家每 6 个人中就有 1 个人能活到 100 岁，将这一数据和之前提到的不可持续的医疗经济数据综合起来看，医疗支出模式的变革将不可避免。以前，医疗支出主要用于疾病的治疗，而今后将被越来越多地用于疾病预测、诊断和监测。

因此，我预测医疗领域的经济模式会发生很大的转变，即从以前关注治疗病症改变为一种更加全面、更加有防御性的预防模式，以及早期诊断和持续监测模式。2000 年，在政府提供的医疗资金中，有 75% 用于疾病的治疗，只有 25% 用于诊断、预防和监测，这一比例到 2025 年将会完全相反，即用于治疗的支出将下降到 40%~45%，而在监测、诊断和预防方面的资金投入将会是原来的 3 倍。由于政府财政很难保证在医疗方面进行持续的大量支出、技术的不断创新以及社会意识的提升，医疗的概念将会从原先的"找到问题、解决问题"和"健康关怀"转变为关注人们的"安康与幸福"。

健康、安康与幸福VS 身体、思想和精神

2007 年，我主持了一项消费者调查，调查主要采取焦点小组和 3 000 个单独访问的形式对欧洲一些民众进行访谈，目的就是为了定义和理解健康、安康和幸福。研究结果表明，人类的三大基石——身体、精神和灵魂恰好可以和健康、安康和幸福的定义相匹配。通过这一研究，我们将这三大基石进一步细分（见图 6—1）。

调查显示，人类通过感观如视觉、嗅觉、触觉和感觉等与身体相连，而思想则是关于精神健康、情绪、压力水平、态度和安全感等。最有意思的是关于"灵魂"的发现。灵魂有点像马斯洛需求层次理论中最高层次的需求——自我实现。受访者们列出了影响灵魂层面以及幸福感程度的因素，分别为个人成就、个人价值观和自我形象 / 自我实现。人们之所以愿意购买某些产品，并不是被产品本身

的特性所吸引，很多时候是因为那些产品能给他们带来心灵上的满足感，或者说能够帮助他们树立自我形象或实现自我价值。比如，丰田普锐斯混合动力车刚发布的时候，就引起了美国加州地区消费者的踊跃购买，但他们最初的购买动机并不是要保护环境、拯救地球和节约开支，而是因为这种车体现了某种个人价值和个人形象。

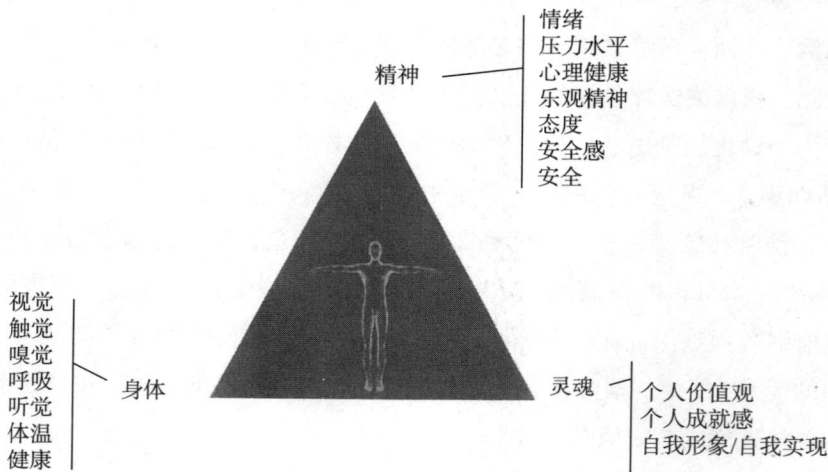

图 6—1　人类的三大基石——身体、精神和灵魂与健康、安康和幸福的定义相辅相成

　　这一发现对我们来说是一个巨大突破，因为我们解决了一大难题：到底是什么决定了我们的安康与幸福，而很多组织对这一问题直到今天都没有找到答案。大多数组织提供的定义只达到了第一层面，即定义什么是身体、精神和心灵，却不能解释构成这三个概念的要素分别是什么。之后，我们在许多行业和不同产品中检验了我们的理论，证明确实如此。如果你的产品或服务和医疗相关，那么我建议你关注产品或服务中与图 6—1 相关的特性，并且就你的产品或服务如何影响这些因素做一个测试。如果它们能够对这些因素中的 70% 以上产生积极的影响，即平均分达到 7 分以上（1 分最低，10 分最高），那就可以说，你的产品或服务是成功的。因此，你更应该大力推广这些产品或服务中得分高的特性。同时，在你与客户的交流中，不要只是关注健康的部分，也要关注安康和幸福，这样你

就拥有了一个成功的策略。

未来的健康、安康与幸福理念

全能病人

还记得你上一次生病时，在看医生之后或之前，自己在谷歌上查询症状和病情的相关资料是什么时候吗？我相信，和我一样，大多数人出现这种情况还是在10年以前。对现在的医生来说，病人简直就是他们的"噩梦"，因为所谓"医生无所不知"早已被"谷歌无所不知"替代了。事实上，谷歌 要不就是搜索信息的"第一站"，要不就是"最后一站"，因为在医生诊断之后，很多人还是会在网上搜索补充性意见。所以，我们将有能力在互联网上自由搜索各类信息的病人叫做"全能病人"（Power Patient）。

世界著名的自行车运动员、7届环法自行车赛冠军阿姆斯特朗就是一位"全能病人"。 阿姆斯特朗在一个单亲家庭长大，高中毕业之后就没有再上学。他很早就开始了他的自行车运动生涯，但不久后就被诊断出患有睾丸癌，并转移到了大脑。当他得知自己患有癌症那一刻起，他就变成了一位"全能病人"：搜寻大量关于病情的资料，评估各种治疗方案，并指定特护机构、特定的医生进行手术，介入治疗，因为通常的放射疗法有很大的副作用，几乎不可能让他重回自行车运动赛场。后面的故事我们大家都知道了[①]。

医疗机构和一些"令人讨厌"的病人打了十几年交道，现在找到了一个新的解决方案。他们将赋予患者更多的自主权利，并积极地鼓励这些"全能病人"们自己照顾自己的健康。

---

① 经过12个星期的化疗和一年多的停赛休养，阿姆斯特朗于1998年2月康复，并在其后创造了环法大赛七连冠的奇迹，被人们称为"环法英雄"。——译者注

医疗服务将从医院内延伸到医院外

由于缺少预算和专业的人员，在一些国家，四分之三的医疗将在未来的十年中逐步转移到医院外，临床医护工作也将逐渐转变为家庭医护。在美国，一个病人如果来医院看病，将花费 620 美元的医疗费，而对老人来说花费将更高。政府很难维持这么高的开销，所以患者不得不自己照顾自己。家庭医护将从目前零星的诊所形式发展成主流医护模式。另外，一些在线服务，如网上咨询、家用生命体征监控系统以及在线疾病管理系统也将越来越被大众接受。在北欧一些国家，远程健康监控技术已经十分领先，病人根本不需要迈出家门一步，就可以将病情检测结果直接发送给医生，这一理念将会被世界上不管是发达国家还是相对较贫穷的国家所采用。到那时，你将可以自主管理你自己所有的健康记录和疾病治疗记录。除此之外，如果你生活的国家可以为你的医疗买单，如英国，政府会根据你的喜好和实际情况，赋予你自己掌控医疗预算的权利。比如，如果你在切除肿瘤之后一直有慢性疼痛，你可以选择将你的个人医疗支出用在更多的按摩和水疗上，从而避免止疼片所带来的嗜睡、定向障碍等副作用；而另一位病人则可以选择将预算花在他或她生病在家的女儿身上。

因此，一些家庭医护解决方案将成为主流，而健康管理一体机（self-service health kiosk）将会是非常有吸引力的解决方案之一，尤其是对于办公室人群。如果将健康管理一体机设立在像机场这样的公共场所或是医院的话，必定会很受欢迎，这样一来，人们就可以避免排长队看医生了；这样一台健康管理一体机可以做很多事情，而这些事情在以前则必须由病人亲自到医院才能完成，比如获取病人的病史、测量体重、测量脉搏和血压以及一些基本指标，如葡萄糖和胆固醇水平等。如果测量的数据显示需要进一步检测，它会指引病人到医院就诊。它还可以通过监测一个人的基本健康数据，显示其身体锻炼计划的完成情况和成果，帮助人们管理自己的健康和幸福水平。如果将健康管理一体机放置在医院和大学校园里，在性健康教育方面也将起到一定的作用，年轻人们可以隐蔽地获得避孕套、事后避孕药或怀孕检测工具，从而使他们免受医生的询问。

另外，一个有意思的创新产品是自动体外除颤器（Automated External Defibrillator，AED）。它是一台便携式电子装置，能够自动诊断和治疗有生命威胁的心脏骤停问题。这种仪器的售价仅为 1 500 美元左右，如此震撼的价位估计让你的心脏病犯了吧？但别担心，有了它，你可以马上对自己进行治疗并得到恢复。

与此同时，我们还会看到医疗服务模式发生的转变，即逐渐变为由初级医护点（如当地全科医生 General Practioner，GP）来协调我们总体的医疗服务。这一措施使得患者不用为了一些不太重要的检查而跑到医院，从而降低了医疗成本。所以，在未来，你会更经常地见到你的全科医生，而一些日常性检查将会在一些基层医护点完成。这一模式很可能被全球所有国家采用，不论该国工业化程度如何。比如说，像印度尼西亚和中国这样的国家，现在正在耗资数十亿美元来建设基层医护点，而英国也正在重组他们的全科医生初级医护系统。

医疗旅游

人们已渐渐习惯了将一些客户服务外包给亚洲和拉丁美洲国家的一些公司，接下来即将出现的下一个大趋势就是——医疗外包，又称作医疗旅游。所以，当你下一次向你的美国或欧洲的医生或保险公司寻求手术治疗的时候，如果他们建议你到泰国去度个假，并且执意让你在那里多休息些时日，尽情享受阳光、大海和沙滩时，你可不要太吃惊。假如你是一个像科比·布莱恩特（Kobe Bryant）或特雷尔·欧文斯（Terrell Owens）那样的知名体育运动员，你很快能飞到欧洲或韩国进行干细胞治疗，而不是在你的国家冒险进行复杂的传统手术。

医疗旅游是在近十年出现的，而且在未来十年会有巨大的发展。2010 年，全球医疗旅游业的价值估计在 200 亿美元左右，预计还会出现更加良好的增长，同样，竞争也日趋激烈，因为新的地区和医院会参与到竞争中。像巴西（整容手术）、墨西哥（牙科和整容手术）、印度（非传统医学、骨髓移植、体外循环、眼科和髋关节置换）、新加坡（器官移植和试验性药物治疗）以及泰国（整形外科），这些医疗旅游的目的地都有着与西方发达国家几乎同等的基础设施，同时也有更高的治疗成功率，能够让患者减少 30%～50% 的医疗花费，因此，这些地方将会继续吸引来自西方国家的患者，成为医疗旅游的热门地区。

更加专业的医院

未来，为特殊治疗领域提供的专业医疗服务会越来越多，而对世界一流的专业医院提供对特殊病情治疗的需求也会越来越多，这就需要通过选择专业的手段和发展科技来平衡规模经济。将来我们需要病床会减少，但绝对会需要更多的手术室和康复区。目前在医院，专业的心脏手术和眼科手术变得越来越像流水线作业，比如在印度，相比西方国家的医院每天做 5~15 个白内障手术来说，一些印度的医院平均每天要完成上百个白内障手术，成功率接近 100%。这大大降低了手术的价格，所以做一个白内障手术在印度只需 25 美元。这样的模式很可能会被世界各国的专科医院所效仿，因此，今后的医院也需要变得更加灵活，因为它们所治疗的疾病和治疗疾病的方式将会和今天有很大不同。

未来的医院将变得前所未有的集成化。随着信息技术与先进的图像技术和监测技术的融合，未来的手术室更像是电影《星际迷航》里的指挥站，使用机器人来代替医生给病人做手术。

基因疗法：个体化医疗的来临

从根本上说，衰老早已被写入我们的基因中。除了正常的使用、滥用，以及在某些情况下对器官的忽略以外，导致器官衰竭的最大原因是那些和人类基因相关的疾病。如果能够了解是何种基因控制着衰老的过程，并且了解如何影响和改变这些基因，那么人类在对抗衰老和死亡方面将会有重大突破。

让我来告诉你，科技在如此短的时间内取得了多么大的进展吧！不妨让我们以人类基因组计划（Human Genome Project）为例。人类基因组计划是一项由科研人员所发起的计划，目的是测出人类所有基因组的序列。该计划于 1990 年正式启动，预算达 30 亿美元。2001 年，该研究有了重大突破，23 000 个人类的

DNA 基因中的 90% 被成功测序。

从本质上来说，一个基因组序列相当于"科学的占卜"。你可以在它们表现出症状之前就辨认出有可能引发的基因疾病（gene disorder），并可以了解某些药物对一个人的治疗效果有多大。所以，研究基因组从而医治和基因相关的疾病，将是人类下一个伟大目标。

2012 年 1 月，人类基因组计划启动后不到十年的时间，两家生物技术公司就宣布，他们研发的系统能够在几个小时之内测序单个基因组，且造价仅 1 000 美元。这不仅降低了测试的价格，还减少了所用的时间，从而使基因测序能够被应用于更广范的人群。更重要的是，它能使科研人员有能力去研究更多的基因组测序，从而探究那些有较强抗疾病能力和抗衰老能力的人群的基因是否具有相似性。例如一个朋友最近告诉我说：

在我最近一次的血液检测中，医生帮我做了遗传分析，想看看我奶奶和她的两个女儿为什么都死于突发的致命性中风。结论是，我们胆固醇中的某个组成部分存在缺陷，从而导致了颈动脉粥样硬化。我觉得这实在是太不可思议了。我和奶奶以及姑姑有相同的基因结构，所以我也必须从现在开始使用强心剂类的药物。希望这一发现能够帮我免于同样的命运。

这一划时代的个性化治疗能够给人们提供更加优化的治疗方案，而不是仅仅做一些简单的推断和猜测。

通过人类基因组计划，科学家们相信，他们已经缩小了控制衰老过程的基因组集的范围。识别或许是最简单的部分，现在虽然已经识别出了基因，但科研人员又将面临一项更大的挑战，那就是这些控制人类衰老过程的基因组如何能够被影响或者被改变，从而逆转衰老过程？以动物为实验对象的基因疗法研究已经显示，基因疗法能够将动物的平均寿命延长 20%，甚至更多。

绘制人类基因组图谱的另一个作用是，通过对比病毒个体和正常个体的基因，从而找出不同的地方。如果能够找到导致某一类疾病的基因，如癌症、牛皮癣、风湿等，科学家们就有能力制造出新药物。赫塞汀就是一个很好的例子，它能够通过将自己和有缺陷的人类表皮生长因子受体（HER2）蛋白（这种蛋白形成致病基因）绑定，从而帮助治疗乳腺癌，并且防止它们不受控制地增长（这种不可控的增长将导致癌症）。目前用传统疗法不能够治疗的各种疾病，在未来有可能依靠基因疗法来完成治疗。

在这一疗法正式得到应用之前，还有很长的路要走。然而，随着研究的不断进展，我们有理由相信，不久的将来会有突破性的进展。

组织工程学：定制的身体

如果将身体看成是由一系列机械部件、电线和控制器组成的，那么想要恢复身体所应采取的方法就非常简单，即如果一个器官系统或部分器官系统出现了问题，你所需要做的就是换一个新的，就好像汽车或家用电器需要维修一样。

组织工程和器官替代给人类开启了一扇新的大门，它们能够在实验室里实现用自身的细胞培育一个替代器官。

目前来看，由于捐献者有限、排异问题以及很多其他不确定因素，器官移植和器官替代仍然是最后的选择。临床医生通过对患者的寿命、生活习惯和其他可以量化的指标进行风险预测，最终决定他是否可以进行器官移植。

通过组织工程学（Tissue Engineeing），也称再生医学，再造的器官是由一个人自己的 DNA 制造出来的，所以排异的可能性较小，风险也会相应减少，患者也不用长期等待器官捐献。

临床医生已经可以在实验室里培养多种器官，从肺到耳朵都可以，并且能够成功地将这些器官移植到患者身上。一些公司甚至已经在研究如何用脂肪干细胞来进行乳房重塑，从而代替一些人造的材料，如盐和硅胶。

组织工程学长期的目标是研制更加复杂的器官，如人造胰腺或肝脏。如果这一研究能够成功，它将彻底改变目前的治疗模式。我们可以发挥一下想象力：将来，一位糖尿病患者不再需要复杂的诊断和各种注射器，只给他换上可以正常工作的新胰腺就可以了。

124

神经机械：半人半机——仿生器官的未来

20 世纪 70 年代，美国有一档经典的电视系列剧叫做《无敌金刚》(*The Six Million Dollar Man*)，剧集内容讲的是人类可以建造一个比本人更强大的生化电子人。故事的主人公在一次飞船撞击事故中严重受伤，政府经过研究决定用仿生器官代替他原来的部分身体部位，并赋予他超人的力量和速度。这一主题随后在无数的文献和电影中得到呈现。在那时，这可能仅仅是科幻题材的电视剧，然而，现在的科学家正在朝着这一目标前进，相信在不久的将来，科学家们将可以向世人说："我们终于拥有这项科技了。"

从根本上来说，这是一种用来代替人体某一个被损坏的器官或部位的人造设备。早在公元前 300 年前，木制假肢、玻璃眼球和钩子就被用来作为人类四肢和其他部位的替代品。在现代，这些古老的东西发展成了扩大活动范围、提高运动能力的产品。一个新的时代就要来临。以往功能简单的机械假肢正在被复杂的、机械化的产品所替代，科学家们正在研究一种能够有捡拾能力、能够获取信息并按照信息行动的假肢新产品，它能够有效提升使用者的操控能力。

这种产品的第一代因为存在一些缺陷而表现欠佳，所以它更像是理念的展示，而缺乏真正的临床价值。但是现在，这种产品已经有了很大的改善，那就是新的智能假肢已经能够做到与神经系统相结合，帮助将大脑发出的信号传递到假肢，从而带动假肢运动。美国杜克大学的研究者正在使用灵长类动物做一项研究，他们想让猕猴仅仅通过大脑的"想"来操控机器的操控杆。研究表明，植入猕猴大脑的电极能够捕捉和传递大脑的信号，并将这种信号转化成行动。

对于那些由于疾病而失去了视力的人来说，研究者们研发出了一种仿生眼。这种仿生眼能够捕捉图像信号，并将信号传送到大脑的视觉皮层。虽然患者不能看到全部的图像，但是至少可以看到物体大概的形状和运动的情况。

新的假肢技术也正在朝着制造出能够全面模仿肢体原有功能的假肢而发展。失去器官功能、四肢或移动能力也许是人类无法接受的，但仿生器官将会改变这一切，它将彻底改变残疾人的生活。

长生不老的时代

大多数的研究似乎都表明，人类在 20 多岁时，认知能力和身体机能就开始出现衰退，而且随着年龄的增长，衰退的速度也越来越快。能够让青春再现的生物进程逐渐变缓，直到最终停止，并影响我们的大脑、肌肉和各项器官。我们将这种自我毁灭的过程叫做"衰老"。

在人类历史和人类发展的进程中，人类平均寿命在新石器时代只有 20 岁左右，在古罗马时代平均寿命在 28 岁左右，到 19 世纪变成 45 岁，20 世纪初期变成 50 岁左右。由于医学的飞速发展，到 20 世纪 50 年代，人类的平均寿命增长到 65 岁。如今，大多数发达国家人口的平均寿命已经达到了 75 岁到 80 岁，而且随着科学的发展和各种新药的问世，发达国家每六个人中就有一个将会成为百岁老人，甚至是超过百岁。

正如 80/20 法则一样，关于人类寿命也有两个值得注意的数字，一个是 80，另一个是 120。"80"指的是当前被公认的人类平均寿命，"120"指的是当前有记载的人类最长寿命。有记载的活得最长的是一位活到 122 岁的女士，而活到 115 岁的在全世界范围内有好几位。这是反常现象吗？有没有可能通过医疗技术的提高，让其他人也活到这一年龄呢？

21 世纪，生物医学的发展已经将"长生不老"这一想法提升到了"到底什么时候能实现"的高度，而不是"有没有可能实现"。若想实现"长生不老"，就需要将基因疗法、组织工程学和神经机械学结合使用，用来修复和替换已经衰竭的器官。

尽管无限制地延长生命也许永远都不会成为现实，然而在未来十年，我们很可能会看到，在如何延长健康人的寿命这一问题上会取得突破性的进展。

定制药物和治疗的出现

你知道吗？大多数药物只对一小部分人有效，比如治疗偏头疼和哮喘的药只对 50% 的患者有疗效，而治疗癌症的药物，这一比率更低，大概只有 25%。然而在不久的将来，这一情况将得到彻底改变。药物，甚至是食物都可以做到"私人定制"。定制药物将会出现在我们的生活中，比如能够帮助人们减轻体重但不产生任何副作用的减肥药。很多公司，如美国的辉瑞公司已经开始进行相关的临床试验了。这种药能够通过利用一种叫做胃泌酸调节素的物质来控制一个人的食欲，而这种胃泌酸调节素会在一个人吃饱时分泌。辉瑞公司相信，三年之内，这种药就可以作为处方药在美国购买到。

在未来几年里，将会出现一些能够治疗各种癌症的特效药，还会出现能够将女性更年期延迟 5 至 7 年的药物。它也许不仅能够控制女性的各项身体机能，还有可能改变社会的结构，因为这样一来，女性可以延缓生育的时间，从而在年轻时将重心放在事业上。

然而，这些特效药价格不菲。比如赫赛汀，人们对它一直存在争议，因为它的价格过高，选择服用它的患者一年要花费近 10 万美元，更何况这种药只对 30%~40% 的有特殊基因构造的患者有效。所以，一些美国的私人保险公司拒绝为这种药买单。目前，解决此类问题的最有效方法就是进行基因测试，通过基因测试，可以识别哪种药对哪些患者适用，既减少了金钱的花费，又可以减少不适用此药的患者用药的几率。未来，越来越多的患者会选择并接受使用这种测试来配合这些特效药的使用。

最近，有人提出了"定制婴儿"的想法，用来帮助人们从源头"制造"体格健壮的婴儿。但是，请不要忘记，干细胞治疗可以彻底改变医疗现状，可究竟要在这条路上走多远，人们对此还是充满争议的。

关于安康与幸福所带来的启示

营养食品和口服美妆品的大变脸

弗若斯特沙利文公司在 2009 年进行的一项研究显示，当年全球对饮食和饮料行业的需求大概在 11.6 万亿美元，预计到 2014 年会达到 15 万亿美元。尽管这一行业会实现如此大规模的增长，但还是会出现重大的改变。现在，消费者们越来越担心食品和饮料的原料中会含有农药、汞、反式脂肪、生长激素、转基因、抗生素、高果糖和玉米糖浆等不良成分。因此，越来越多的健康食品比传统的饮料和食品更受欢迎，比如能够补充能量、改善心脏健康、辅助消化的功能性食品和饮料。有别于通常意义上的饮料（如水和软饮料），功能性饮料的配方里都含有一些活性成分，如维他命、电解质、氨基酸、必需脂肪酸、益生菌、益生元，以及其他一些在水和蔬菜中常含的物质，如抗氧化物、植物固醇和膳食纤维等。通常情况下，这些原料的使用都是有科学依据的。因此，制造商们不仅拥有食品和药物管理局所出具的营养的功能声明，还有关于其保健功能的声明。

功能性饮料市场可以被细分为三大类：

1. 再水化型和营养强化型：运动饮料和强化水饮料；
2. 加强能量型：能量饮料；
3. 促进健康型：营养饮料。

随着人们越来越关注健康问题，营养品市场日渐红火。过去，人们将营养品定义为对健康有益并且能够预防疾病或治疗疾病的食品。现在这一定义已经被扩大，除了以前的那些食品，也包括含有维生素、矿物质、氨基酸、脂肪酸和益生菌的食品。因此，目前大多数的食品和饮料公司，包括原料供应商们，都会特别设置这样一个部门，专门研究怎样更好地顺应人们追求健康和幸福的这一大趋势，因为他们深知，这一趋势是全球饮食业实现增长的重要驱动力。

全球的营养品市场在过去十年间出现了巨大的增长，根据弗若斯特沙利文公司的研究，年平均增长率几乎达到 15%，这些增长主要出现在美国和欧洲（2010 年美国和欧洲的行业总额共计 850 亿美元）。但是由于印度、中国和巴西等国的中产阶级群体不断壮大、美国和欧洲的衰落以及医疗护理价格的攀升，到 2020 年，预计这一行业仍能维持较高的增长率。

2010 年正是全球经济衰退最严重的时期，尤其是在美国（目前美国是最大的营养品消费市场），然而当时的营养品市场却出现迅猛的增长，在后衰退时期增长更加强烈。这一反常现象不仅让人们感到纳闷：那些银行家们是不是失去工作后偷偷地拿着他们得到的分红去开启一种健康的生活方式了？当然，这不是原因所在。官方给出的原因是，由于经济衰退以及高额医疗费用的影响（尤其是在发达国家），消费者们只好转向购买膳食补充剂和功能性食物和饮料，希望通过服用它们来保持身体健康，从而避免治疗费用的发生。

全球对健康食品和饮品的需求也会给食品原料供应商们提供大量的机会。这一行业将会从原先宣传食品中"减少了多少不健康的东西"（如减脂、减盐、低糖和无胆固醇）转变为宣传"添加了多少健康的东西"。比如，乳制品生产商现在越来越注重宣传他们的产品中加入了益生菌或 Omega–3DHA。事实上，全球强化乳制品的销售增长速度远远超过那些减脂的乳制品，而且速度越来越快。

除了饮食行业会出现健康积极的改变，安康的理念也将慢慢渗透到个人医疗领域。人们越来越关注个人护理和个人健康，对功能性食品的需求也在不断增长，同时也促进了某些特殊功能性产品市场的增长。个人护理产品的需求增长源于人们对健康的关注，这种关注已经超出了身体健康的范围，更多的是对个人装扮和形象的关注。

口服美妆品（Nutricosmetics）是将健康与安康概念相结合，从而让我们对自己感觉"更良好"的一个最好的例子，它能够对我们的肌肤、指甲和头发起到如抗衰老、美白亮肤、护发、防晒和护甲等作用。老龄人口的持续增长使得美妆品的需求不断加大，尤其是那些抗老化、有防晒效果的产品。

另一方面，人们对光鲜亮丽的肌肤的追求，以及逐渐意识到食物摄取和美容健康之间的因果关系，使得消费者们开始更多地关注和购买美容食品。由于配方和原料以及提纯的复杂性，口服美妆品定位于个人高端护理产品。即便如此，由于亚太地区和拉丁美洲中产阶级群体的不断壮大和可自由支配收入的提高，这些高端产品的销量将会大规模地增长。

全球的口服美妆品市场已经是一个数以十亿美元的商业领域，预计在 2020 年前还会以两位数的速度增长。抗衰老产品这一最大的细分市场增长最快，紧随其后的是亮肤产品和护发产品。

营养品和口服美妆品市场的增长将导致一系列的行业内并购、合作甚至是重组。在口服美妆品市场中，传统的化工公司和科技公司在向专家寻求帮助，希望专家们将他们转变成"医疗"企业。比如，荷兰的帝斯曼生物医疗公司（DSM）并购了美国的马泰克公司（Martek Bioscience），美国的杜邦公司（Dupont）并购了丹尼斯克公司（Danisco）。2007年至2013年期间，食品行业和化妆品行业一共完成了131项并购，其中大多数是欧洲的公司收购了总部在美国的企业，这一数字创下了当期单一行业并购数量的最高纪录。

未来，这一市场会出现大量的新产品，通过市场整合，定制化产品将进入细分市场甚至是融入某一地区的文化，其中也包括跨行业的合作。这一行业将真正实现全球化。

用健康、安康和幸福的理念打造品牌差异化

让我们看一看健康、安康和幸福是如何在未来成为产品和品牌差异化的重要因素的。

我曾经在汽车行业主持过一个品牌化和定位研究，试图找出一个能使自己的品牌与众不同的方法。我们最终总结出了以下7个促成品牌差异化的关键因素。

1. 质量和可靠性。日本人在这方面最擅长，并把质量和可靠性作为他们打入美国市场的优势。

2. 安全。像沃尔沃和奔驰这样的汽车公司会用安全性能来使自己的品牌区别于其他品牌。

3. 设计和风格。法国的汽车公司，比如是雷诺和标致等汽车公司，会在设计上下足功夫，他们的汽车拥有独特的风格和车身流线。

4. 经营成本。对大规模生产的汽车制造商们来说这一点尤其重要，比如现代汽车公司。

5. 环境。不管是从立法的角度，还是从客户的观点来看，现在，环境因素对所有的汽车公司都越发重要。

6. 舒适性和便捷性。各种新功能的研发成功，比如加热车座，符

合人体工程学原理而设计的汽车。

7. 驾驶体验。汽车在拐弯时的灵活性和可操控性等。

大多数汽车公司都有完善的流程来关注上述 7 个因素中的 2 到 3 个，从而对他们的汽车品牌进行定位。他们会仔细评估以上每一个关键因素，明确他们可以在哪些方面成为"同类最优"，哪些方面成为"领先者中的一员"，哪些方面只是想成为"跟随者"。那些提升了品牌价值的因素通常都会被视为"同类最优"因素，比如沃尔沃的安全性能和宝马的驾驶动态性能等。每当一家汽车公司研发出一款新车型，他们会利用某些关键因素来巩固他们"同类最优"的品牌定位。举个例子来看，沃尔沃公司曾经推出的他们的 SUV XC90 车型，这是他们首款带有防翻滚保护系统的 SUV 汽车，成功地巩固了沃尔沃在安全性能方面同类最优的定位。这在当时可谓

是一个明智之举，因为那时福特的探险者系列车型在高速驾驶时出现了翻转的意外情况引起了人们普遍的不满。沃尔沃公司永远是在汽车安全性能方面走在最前面的公司，最近他们又推出了世界上首款配有紧急刹车辅助系统的车型，这种车型能够在遇到紧急情况下实现自动刹车。

然而随着时间的推移，这些因素的重要性也在发生改变。宝马公司曾经标榜自己为"世界终极驾驶机器"，可最近，他们又为自己贴上了"高效动力"的标签。不难看出，宝马曾经将自己的品牌定位于"驾驶的乐趣"（fun of driving），而现在则转变为"趣味而负责任的驾驶"。

从当前对环境因素的普遍关注发展来看，我坚信对汽车公司来说，下一个影响品牌差异化和竞争的重要因素将会是"健康、安康和幸福"。而且，从现代汽车行业中看到

了这一因素的巨大影响。如前文中的图6—1所示，所有的关于精神、身体和灵魂的次要因素都可以和汽车产生关系。

"身体"完全指我们的感官系统，汽车对视觉、体温和触感都能够产生影响。同样，它也可以影响我们的"精神"。比如，通过对舒适度和便捷性功能的改进，如自动交通导航系统和个性化温度控制系统，你的汽车可以在你遇到交通拥堵时帮助降低你的焦虑、改善你的情绪和提升安全感。至于"灵魂"层面，其实人们购买汽车也是展现自我形象的一种方式，就好像一些好莱坞

明星乐于购买丰田普锐斯或特斯拉电动汽车一样。据调查，超过50%的丰田普锐斯混合车购买者是为了彰显个性。

因此，如果你的下一辆汽车被赋予了和健康、安康和幸福相关的特性，可千万不要大惊小怪！比如能够根据你的情绪而变色的方向盘（在判断你的妻子或者女朋友的心情时可能非常实用），氧气水平调节器和加湿器（在污染严重的发展中国家的超大城市中驾驶时会用得上），旋转座椅（上下车时更方便，尤其对老年人来说），健康情况监测仪和酒精含量检测仪等。

汉堡税：国家层面的健康体系

"政府不能通过立法来规范道德，但却可以对罪恶征税。"随着全球对垃圾食品的征税越来越高，这一点在食品和饮料业很快就会变成现实。未来十年中，全球大多数国家都会效仿匈牙利、丹麦等国的做法，开始向不健康食品征税。

想象一下，你最喜欢的食品，比如汉堡、汽水、饮料、巧克力、薯片、糖果、冰淇淋和咖喱等的价格上涨20%甚至更多，你还会购买吗？而且，各国的政府

已经意识到通过提高对香烟的征税，不但减少了香烟的消费，控制了和吸烟相关的疾病，同时还增加了许多税收。这一策略将被推广运用到不健康食物领域。

匈牙利和丹麦是世界上最先开始征所谓"肥胖税"（也叫汉堡税或不良产品罪恶税）的国家。在丹麦，此项征税针对那些饱和脂肪酸超过 2.3% 的食品；在阿根廷首都布宜诺斯艾利斯，盐瓶被规定不许摆放在餐馆的餐桌上，除非客人提出要求。这么做是因为，据估算，布宜诺斯艾利斯有 370 万人患有高血压，而且阿根廷人平均每天要吃掉 13 克盐，比建议的盐摄取量要高出 8 克之多。

另外一些国家如英国，四分之一的人口属于肥胖人群，政府也不得不开始重视这一问题。如果不采取任何措施的话，在未来 10 至 15 年内，肥胖人口数量将会翻一番，因此所有的高热量、高脂肪含量、高糖的垃圾食品都会成为征税的目标。这些国家的政府也会面临高额的因肥胖而产生的医疗费用账单，他们将建立一些基金项目，如市民健身房会员制，对减肥者给予优惠；如提供一些低热量食品的优惠券，在餐厅的菜单上标注热量值。同时，对那些肥胖患者征收的医疗保险费用也会相应提高。

不管你愿意不愿意，将来每吃一个三两的至尊牛肉汉堡，再配一杯加大的巧克力奶昔，你都会为此付出更多的钱，同时也会让你的良心感到不安。所有人都将体会到政府在应对垃圾食品用到的策略可是"一点也不甜"。

医药市场的改变：药品专利不复存在

根据弗若斯特沙利文公司的分析，从 2010 年的 3 090 亿美元上涨到 2015 年的 3 580 亿美元，美国医药市场的收益增长将会放缓。正如在美国市场所出现的趋势一样，未来十年将是医药行业里的领先品牌商家的艰难时期。由于大量的医药专利将会在 2011 年至 2016 年间到期（如图 6—2 所示），小分子口服医药市场将面临危机。立普妥（Lipitor）是美国辉瑞公司最赚钱的药品之一，每年的销售额达 100 亿美元，可是一些这样的药品将很快失去它们的专利保护。

随着小分子医药市场逐渐衰退，生物分子医药市场（包括疫苗、抗过敏药物、基因疗法等可以用来医治疾病的疗法）将会出现巨大的增长。到 2015 年，仅仅在美国市场，这一市场的营业额就会从880亿美元上涨到1 730亿美元。

然而，有人赚就有人赔。通用药制造商们，尤其是亚洲国家的一些通用药制药商将通过生产大量的非专利医药获得可观的收益。尤其是印度的制药公司，未来十年，它们将因为政府过去在专利方面的立法政策而获得巨大收益，营业额会翻一番。比如兰伯西制药公司（Ranbaxy），它们已经在2011年12月获得了在美国推出普通立普妥的许可。所以，赶快把印度医药企业的股票列入你的股票购买清单吧。

虽然对医药行业来说这是个坏消息，可对消费者来说却是非常好的事情。因为一旦失去了专利，这些药品将会便宜许多，最多可以降低近一半的价格。

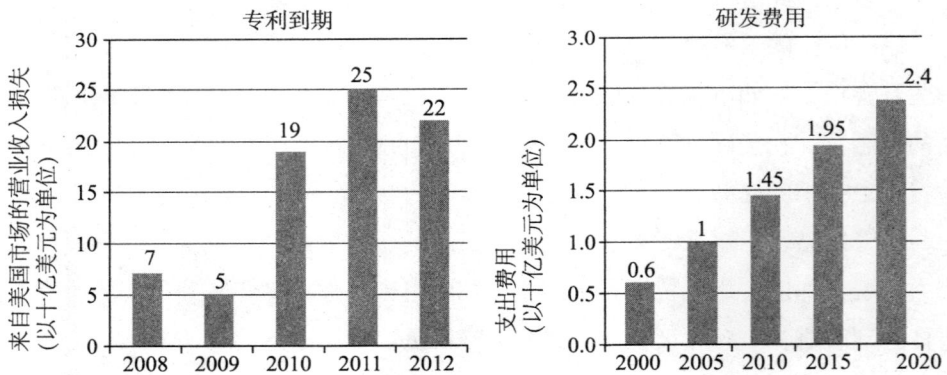

图6—2　美国的生物药物企业因专利到期而面临的问题

新药品的上市必须获得当地政府的许可，而关于药品的法规也将变得越来越严格，而且要求这些新药品必须具有相对于现有疗法的经济优势。这些经济优势指的是减少住院费，或减少了因治疗药品副作用所需的费用。英国国家临床技术研究院以及德国DRG集团在这方面就做得很好，因为他们都有一套只奖励那些有实验性证据证明的、且有真正价值的医疗领域创新的制度。

未来的家庭医疗

和那些为家庭娱乐室提供最新配件和设备的企业相似，家庭医疗专家们也会为每个家庭量身设计最新的家庭医疗技术。对于那些患有糖尿病、肺气肿、关节炎、充血性心力衰竭和其他疾病的患者，他们在日常生活中可以获得辅助设施的帮助，以确保他们能够完成每日的检测和治疗。

一个家庭医疗房间中装有各种各样的家庭医疗检测设备，无论是最基本的生物监测还是更高级的诊断测试，都可以在家里进行。基本的生物监测包括监测心率、血压、体重和其他一些可以跟踪的健康指标。而且对于糖尿病患者来说，还包括糖尿病测试试纸和测试读数器。更高级的诊断工具包含尿检和血压检查，可以诊断出潜在的疾病。这样一来，每天监测获得的数据可以通过网络回传给患者的医疗监护者，他们可以凭这些数据跟踪、了解患者每日的病情，确保他们的治疗进度，有时还可以为患者提供网上咨询服务。

机器人医生

正如弗若斯特沙利文公司的一些研究分析数据所表明的那样，机器人在医疗领域内的应用将出现令人惊讶的增长。尤其是机器人辅助手术将会增长明显，这一领域的行业价值将从2007年的4.95亿美元上涨到2014年的28亿美元。在这28亿美元的营业收入中，超过75%的市场预计会来自美国。欧洲也意识到了这一技术的潜力，正在加紧追赶。机器人辅助手术指的是利用机器人来提高手术过程的准确性和敏捷度，使手术的侵害性减弱，因而缩短患者的康复时间，降低风险，提高手术的成功率。

企业都期待着这一领域会出现爆炸性的增长，以从中获得诱人的利润。比如，达芬奇手术直觉外科公司（Intuitive Surgical, Inc）就已经在这一领域创造了大量财富。直觉外科公司成立于1995年，2000年公开募股，2010年，公司市值已经上涨到14.1亿美元，销售量比2009年增长了34%。2001年上半年，这家公司只售出了58台达芬奇手术机器人，可到了2011年9月30号，他们惊人地安装了2 031个达芬奇手术机器人的机座，其中有四分之三是在美国安装的。随着该公司将目标锁定在培养全球市场，售出的机器人数量还会不断增加。预计公司每年的营业额将会以25%甚至更大的增长率递增，这既包括新产品的销量，也包括现有的服务，尽管会有很多新的对手加入市场竞争。

目前，医疗领域之外的机器人制造商也正在探索并尝试进入这个市场，更多的私募股权基金正在流入这个市场。

大小的重要：纳米科技在医疗领域的突破性应用

想象一下，在未来，因为持续性高烧不退而去看医生的情形。医生没有给你开任何药片，而是把你引荐到一个特殊医疗团队，让他们给你的血管中植入一个微型机器人。这个机器人能够查明引起高烧的原因，并且直接给受到感染的部位用药，没过多久你就会痊愈了。很惊讶吧，其实我们离看到这种机器人运用到临床操作上的日子已经不远了，它们叫做纳米机器人，全世界的工程小组都在着手研制出能够治疗从血友病到脑癌等疾病的纳米机器人。纳米技术的专家们打算以极高的精度，用分子或原子为计量单位制造这种机器人，并将它们应用于靶向给药、细胞修复等治疗方法中，甚至应用到使用显微操作工具的手术中。

未来十年，纳米科技在医疗领域可谓前途无量。这一技术将从研发阶段走向提高发展阶段，尽管进程缓慢，但将会有一些质的飞跃和新发明的出现。促进这项技术发展的是以下两个假设：

1. 人类的疾病多数源于分子层面和细胞层面的损坏；
2. 当前手术工具与被治疗的人体细胞相比，体积过大。

纳米技术最大的优势就是纳米粒子的大小。纳米，是一米的百万分之一，一个纳米粒子如一个原子或分子那样小，这使得它能够完好地通过细胞膜，将药物传递到受感染的细胞，因此比传统的医药更能有效地阻止细胞生物过程。所以，纳米技术将会被应用于医疗领域的 5 个主要方面。

纳米技术最重要的应用领域就是靶向给药，全世界现在有五分之二的组织都在研究这一技术。由于纳米粒子可以凭借其体积优势穿过生物膜，有效地越过血脑屏障，因此能够为癌症提供靶向给药，还可以为一些神经系统疾病，如老年痴呆症和帕金森症等提供靶向给药；同时，还可以对衰竭性疾病实施治疗。对于神经系统疾病，通常的治疗方法是直接选择神经系统分子以及与之相对应的受体的结合力。然而，这些药的疗效只是暂时性的，并不能彻底阻止神经元变性。当前影响治疗神经系统疾病的药物效果的一个重要原因是，药物很难穿越血脑屏障。虽然血脑屏障能够阻止大脑被病菌侵害，然而这种有益的屏障也是神经性疾病治愈的主要障碍，而纳米粒子的微小体积可以帮助药物穿过这些屏障。

其他一些有前景的纳米科技主要是应用于治疗学领域，虽然这一领域目前只是一个小众市场，但包含了医用材料、移植、诊断学及其分析工具和医疗仪器设备。在种植牙医学中，纳米科技的应用已经非常受欢迎，一些欧洲品牌像"Nanotie"、"OsseoSpeed"和"SLActive"的市场份额越来越大恰好证明了这一点，因为基于纳米技术的牙科移植能够减少患者的恢复时间，增强骨整合的效果。

预测表明，到 2020 年，纳米技术将应用于药物、诊断以及医疗设备市场 15% 到 20% 的企业中。到 2016 年至 2017 年，这一行业的市值将超过 1 000 亿美元。现在，全球有 400 多家企业在这一行业中竞争，其中三分之二都是附属于大学的企业，或是实验室的衍生企业，他们都关注某一类纳米技术或纳米技术在某一方面的应用。在未来几年内，一旦这些企业能够证明其研发的产品有一定的商业价值，它们就会被一些更大的商家兼并。这一行业中还有一些制药业和医疗设备的一级二级制造商，它们被这一行业具有的潜力所吸引。

目前，这一行业被欧洲和北美的一些企业所主导，而亚洲的企业也开始意识到其潜力。因此，投资者应该将他们的资金投放于有政府资助的欧洲或者新兴的亚洲市场，尤其是那些希望能够有快速回报的投资者，应该投资给那些专门研究给药技术的企业，因为它们在未来十年里将有 10 倍的增长。如果你是一个敢于冒险的投资者，喜欢高风险、高回报的投资，那么你的目标应该是治疗学领域，虽然这一领域目前只属于专营市场，但增长的潜力巨大。医用材料、移植、诊断学及其分析工具和医疗器械市场已经相当成熟，它们是当前这一领域里最大的收入来源。

如果有一天纳米技术能够和生物技术结合，产生出"生物纳米"技术，那将是医疗领域里真正的重大突破。

全球化的医疗

过去几年里，"全球化，本地化"一直是商学院广泛流传的管理理念，可人们似乎并没有将它应用于医疗领域。对发达国家，尤其是像美国这样已经拥有巨大市场的国家来说，医疗似乎并没有全球化的需要。然而，随着亚洲和发展中国家对医疗需求的增加，医疗领域的商业模式也在发生改变。一些主要的变化包括：

● 制药业和技术研发向亚洲转移；
● 低价产品从低成本国家向高成本地区转移；
● 全球性组织（如世界卫生组织）将在制定国际健康政策方面发挥越来越重要的作用。国际组织将会加强在立法方面的合作，医疗健康方面的政策将变得更加和谐；
● 社交网络扮演着重要的角色，世界各地的人们开始在网络上分享共同的经历；
● 疾病将无界线；
● 医疗旅游将成为一个全球性的新兴产业；
● 出现虚拟医生和虚拟医院；
● 每一家医疗公司都将实现全球化发展。

应用于医学技术的摩尔定律

我第一次做核磁共振扫描时，核磁共振扫描仪的大小让我非常吃惊，一间大概十平米的屋子才能容得下这台机器和它的配件和工作台，而且机器不但体积大，工作起来的声音也很大。当操作员告诉我这些机器加起来大概要 100 万 ~250 万美元（取决于大小和型号）时，我差点从机器上掉下来。我当时就在想，不知道医疗行业的人士有没有听说过摩尔定律。可是令我惊讶的是，当我为写这本书做前期研究的时候，一些专家跟我讲，我的想法正在变成现实。

戈登·摩尔（Gordon Moore）是英特尔公司的创始人之一，他于 1965 年发表了一篇重要的文章，阐释了他对计算机硬件发展速度的研究结果。事实证明，他对集成芯片的发展速度进行了相当准确的预测，人们将他的研究结果称为"摩尔定律"，至今这一定律在科技公司制定长期发展战略时仍然被使用。这一定律说明，设备的发展能够提高它的处理速度和运行效率，同时降低生产成本，像手机、电视、笔记本电脑和平板电脑这样的个人设备的淘汰期通常在 12 个月左右。

尽管立法和其他方面的障碍限制了医疗技术以同样的速度推出新产品，但计算机技术的发展无疑使医疗领域可以出现更高效、功能更强、耗能更低的设备。只需看一看起搏器的发展变化，就会理解工程学是如何提高设备的功能的。第一代起搏器只有两个晶体管，大小跟一个冰球差不多，而今天的起搏器只有一枚美元硬币那么大，并拥有多种处理器，几乎能够在几分之一秒内调整治疗方案。

医疗设备的价格会在未来十年里降低一半，但它们的功能将变得更加强大，即拥有之前双倍的功能，而体积和重量却很小。每一位医生都会找到适合的医疗设备，来协助他们完成工作。而且，未来大多数的医疗设备都将会是便携式的，类似 iPad 那样，并且能通过 WiFi 与网络连接。我相信戈登·摩尔也会为此感到骄傲。

低价医疗设备

目前，世界上各个地区对医疗服务的消费存在严重的不均衡。比如，尽管美国、日本和西欧的国家人口总数只占全球人口总数的 12%，但他们却消费着世界 80% 的医疗设备。

大多数消费市场中存在着清晰的产品分级：豪华产品、专业产品、中等及低价产品。制造商们要根据不同地区人们的购买习惯和喜好，为他们提供合适的产品。大多数企业只制造一种级别的产品，那就是最高级别的豪华产品，这是因为加在医疗产品供应商身上的安全和法律法规等负担过于沉重。这些产品生产完成之后被直接推向国外市场，并没有十分关注特定区域对产品的需求。

以印度为例，随着印度经济的繁荣，中产阶级不断壮大，慢性病的发病率越来越高，75% 的医疗费用都由个人现款支付。而在美国，个人现款支付只占医疗费用的 12%，剩余的都是由政府或私人保险公司来支付。所以，是谁在为医疗设备买单很大程度上影响着某一种医疗产品在某一地区的使用程度。

一些企业已经开始重新思考应该对像印度这样的市场采取何种策略。与一些汽车行业的公司相似，一些医疗科技公司现在也开始推行本地生产策略。通过在印度本土制造生产，设计者们不仅可以将更多精力用于研发各种新产品，包括诊断仪器和监测设备等，还可以使得一些产品的价格只有其他市场的三分之一。关于这一点，通用电气已经走在根据客户需求、为客户量身定制产品的前沿。他们已经组建了一个专门针对印度市场的产品定制设计小组，专门收集那里的医疗机构有什么特别的使用要求。通过这一举措，通用电气设计出的 CT 扫描仪和超轻型监测设备的价格只是其他高端产品价格的三分之一。通过在当地生产，通用电气能够及时地对当地的需求作出回应，并且减少了供应链的成本。尽管在印度市场的收入只占通用电气在全球医疗领域近 200 亿美元收益的一小部分，但很多人认为，其在印度市场的这一创新实践将会被应用于那些面临同样挑战的新兴市场中。

专注于用创新型解决方案来填补需求和获取之间空缺的并非只有通用电气，西门子公司也在做相同的事情。西门子公司最近研发出了一种胎儿心脏监护仪（Fetal Heart Monitor），它的价格要远低于 4 000 美元，因为它使用的是麦克风，而不是昂贵的超声波技术。在不久的将来，这些在中国和印度这样的新兴市场研发出来的产品也将会在发达国家市场销售。

另一个重大的技术发展是使能技术，这一技术可以实现更大的移动性和易用性。现在已有的技术可以将智能手机和便携式超声波扫描仪或心电图显示器相连。而把个人的笔记本电脑和手机连接到一个多功能设备上可以不受地域限制地与任何病人联系，也就是说，电子记录和图像若能十分轻易地被传输到医生那里，则可以减少对专业医生到现场诊断的需求。

医疗技术企业应该从三个方面来思考医疗产品在不同地区产生的消费差异问题：第一，如果他们能够为自己的产品合理定价，那么其产品会在新兴市场有巨大的增长潜力；第二，现有的一些解决方案对这些新兴市场来说，成本过于高昂；第三，如果不能开发低价的产品，那些存在于新兴市场中的利润将被那些可以提供低价产品的企业瓜分。

医疗行业的重组

在 21 世纪的前五年，医疗行业内所有领域里的产品都得到了长足的发展。那时，医疗设备制造商们在研发功能更强大的扫描仪，医院有足够的资金随意购置当时最尖端的设备，临床医生们对那些新型设备爱不释手。那时的资本市场也十分繁荣，消费者们很乐意通过各种各样的医疗保险或自己掏腰包购买各种医疗服务。然而，一些经济学家们通过计算后发现，这些数字有些不容乐观。医疗支出占到 GDP 的 15%，还要预备应对老龄化人口的支出，因此，这些让人觉得这样的"繁荣"并不是可持续的。

21 世纪第一个十年的中期，一些医疗领域的提供商们开始觉察到了市场的饱和以及一些商业化解决方案所带来的问题。随着医疗行业增长率的下降，立法机构开始出台更加严厉的监管法规。对新型医疗产品和治疗方案不加限制的报销开始受到质疑，很多昂贵的药品从药物清单上划掉。虽然医院有意识提高工作效率和资源利用率，但为这些服务买单的人也开始对医疗行业施加压力，从而抑制医疗行业里毫无节制的消费。最大的冲击始于 2008 年到 2009 年，也就是股票市场崩溃的时候，那时，借贷受到限制，用于研发的费用被冻结。最重要的是，医疗固定资产并购和重组慢慢地停滞不前。一些企业因此遭受了严重的冲击，另一些企业由于具有灵活的商业模式，从而逃过了这场危机。这一切给许多跨国医疗集团敲响了警钟。从那以后，医疗行业发生了巨大的改变。

随着很多医药专利的到期，以及人们对安康和幸福感的关注远大于对健康治疗的关注，未来医疗行业的前景看上去似乎并不乐观，而且面临着重重挑战。很多专家预测，大约 10 到 15 个顶级企业会在 2020 年至 2025 年间被淘汰，只有25 到 30 个二级企业会在全球范围内继续保持良好的发展态势，行业中也会出现更多的重组和合并。具有前瞻性的企业，如诺华公司（Novartis）和安内特公司（Aventis）更有可能在这个市场中生存下去，因为他们能够积极地适应变化，而且能够及时地开展新业务、推出新的商业模式，如远程医疗。制药公司从医疗保健品中获得的利润将会比从出售抗生素获得的更多，他们会逐渐迈入健康管理领域，而不是仅仅生产药片。由于硬件价格的下降而导致利润的上升，附加的增值服务将会赢得更多的客户。企业们将从生产核心产品转向发展增值服务，从而创造更多的收益。德国的拜耳公司（Bayer）已经开始和美敦力公司（Medtronic）合作，提供一种利用胰岛素泵的血糖监测方案，这个方案正在被植入福特汽车的系统。

生产医疗装置的企业似乎也正在正确的路线上前行，正在将原有商业模式转变为服务性商业模式。比如，西门子医疗已经和西班牙某地区医疗当局签下了一笔价值上百万美元的合同，这笔钱将用于该地区未来15年医疗设备的采购服务。未来，医疗装置制造商们将会提供更多此类的服务给那些利用社交媒体融资的医院和社区。

未来，因为很多医疗企业会雇用一些专业人员来加入，所以我们还会发现一些医院的员工，比如护士，在医院外的工作会多于在医院内的工作。远程医疗服务（见第8章"互联与交汇时代的到来"）将给这个行业的新入行者们（比如移动通信运营商和硅谷IT业的强势集团）提供更多的机会。要特别关注一下这些信息和通信技术企业，因为他们会推出大量的客户应用程序，并发展虚拟医院。

另一个值得注意的转变是医用耗材领域正经历着从产品销售向服务提供的转变。目前，医院已经习惯于根据自己的消费模式大量地采购医用耗材，然后由将这些耗材进行处理或加工实现再利用，而这会占据大量的资源。欧洲的一家创新企业正在推行一种"按使用付费"的理念，他们会负责对医用耗材进行处理或加工，以实现再利用。这样一来，医院和企业两方都可以从这一增值服务中获益。

服务业的所有领域都会从中受益，尤其是培训和教育部门获益最多。旅游业、零售业和医疗设施领域里关于安全和卫生标准的新规定将会给那些可以在网络上安排培训课程的软件公司提供机会。

企业家们将在这一行业价值链中寻找到机遇，建立新的商业模式。医疗领域里甚至还将出现一个巨大的回收行业，不仅仅是回收医疗废物，也回收医疗器械和注射器。比如，印度的一家企业计划购买使用过的心脏起搏器，然后对它们进行检修，再以便宜的价格卖给发展中国家。"如果你不够勇敢来捐献你的器官，那么至少你可以选择捐出你用过的起搏器。"这将会成为回收者们的营销箴言。

特许经营的商业模式在酒店业中十分盛行，它也将被应用于医院。很多南亚的私人医院和私人诊所都已经开始尝试这种模式，其中印度的阿波罗医疗集团（Apollo Hospitals）和麦克斯医疗中心（Max Healthcare）已经初见规模和成效，几家美国的医疗机构也在向土耳其和中东地区正在建立的私人医院提供专业技术和最佳实践机会。

另外，一些企业在对自己进行品牌重塑之后，也在尝试着利用自己有影响力的品牌名称来销售医疗耗材。

几乎所有的企业都能够提供传递着健康、安康和幸福理念的服务。即使是你家附近的超市，也将会变成一个一站式服务店，它能够提供从血液监测到血压检查等各种服务，柜台还出售万艾可和其他各种药品。你家附近的健身房也不仅仅只提供跑步机，除了已有的 spa，还提供像牙科、医疗监测、物理疗法、药房和辅助疗法等服务。英国一家叫做纳菲尔德健康中心（Nuffield Health）的机构已经在这样做了。它们通过并购 Cannon 健身房并经过精心的策划，最终将健身房、医院、诊所和一系列的医疗服务结合在一起，组成一个全面的医疗服务机构。将来，当你上班的时候，你可以偷偷溜出办公室，做一个快速而全面的体检，而且所有的检查都可以在同一个地点完成。

那么健康、安康和幸福的理念所带来的改变对我们个人和企业管理者究竟意味着什么呢？第一，作为个人，你应该只相信自己而不要指望任何人来负担你的医疗费用。因为很可能你的寿命会超过 90 岁，需要自己照顾自己很长一段时间，所以要做好准备成为一个 DIY 病人；第二，要适应电子医疗和科技的发展；第三，也是最重要的一点，关注自身的安康和幸福感，把重点放在预防疾病而不是指望得病以后再去治疗。

作为一名企业管理者，你的企业能够带给人们安康和幸福感的福利待遇会吸引优秀的人才，这一点至关重要。未来的管理者还将通过以下举措，帮助员工更健康、更快乐、更有效率地工作，比如，注重营造对员工身心健康有益的工作环境；鼓励户外会议；选择健康食品建立健康食堂，而不是给员工提供可以在贩卖机购买到的垃圾食品；为员工和家属提供免费的医疗检查等。

07

下一个十年的商业模式

战争模式与商业模式之间有着非常有趣的联系。一种新式武器的出现意味着在战场上具有绝对的优势也是胜利的保障。同样，对企业来说，新的可持续发展的商业模式，也是在这个竞争日益激烈的商业世界中成功的保障。从广义上说，战争模式的发展可以分为五个阶段：直线型（拿破仑方阵）；战壕和大规模围攻（第一次世界大战和第二次世界大战）；闪电战（步兵和装甲部队等多兵种高度协同作战）；游击战以及最近的网络战争。同样，我们也可以粗略地把商业模式分成五个相似的阶段：传统商业模式（工业革命时期）；便利商业模式（麦当劳）；重量级商业模式（大规模超级市场和沃尔玛）；电子商务商业模式（易趣、亚马逊、奈飞公司）以及现在的移动互联网商业模式。请注意第五代商业模式中所产生的交汇。

有趣的是，在战争模式和商业模式的发展中，科技、创新和企业精神（在战争中应该理解为勇气）都是获得胜利的重要因素。但问题是，技术优越性到底对总体的胜利起多大作用？答案是能起到很大的作用，但它却不是成功的保障。正如我们这些年在美国所参与的军事冲突中看到的那样（如阿富汗战争和伊拉克战争），尽管其拥有如此之多的先进武器，却没有在这三个国家完成他们制订的目标任务。同样，在商业模式中，科技所扮演的角色显得越来越重要，但也并不能确保成功。一个好的经济模式若想成功，则必须要有真正优良的产品以及明智的市场定位。然而，不可否认的是，只有科技的进步才能使当今新型的商业模式得到发展，今天的科技给我们带来的一项重要好处是，它能够使企业以最小的成本拥有最大的客户群，甚至是全世界范围内的客户。

在对大趋势做研究时，我们花了大量时间，试图了解当前出现的一些新型商业模式，并想象未来的商业模式会是什么样子。实际上，我们也计划就这一吸引人的主题写一本书。我们为此找到了很多有创意的、有开创性的商业理念，并把范围缩小，最终锁定在了一个商业模式，而我们相信这一商业模式将主宰世界。我们把这一商业模式称为"为更多人提供价值"（value for many），而不是"为了赚钱而提供价值"（Value for Money）。我们借用了印度工程师马歇卡（R.A.Mashelkar）在 TED 演讲中使用的这个词语，他演讲的主题和这一章一样，非常具有启发性。

在我们给出证据，证明为什么"为更多人提供价值"的商业模式将会是下一个十年中最重要的商业模式之前，首先让我们来看一看几个将会在全世界范围内形成趋势的独特的商业模式。

未来的商业模式

以下是几个将会在全世界范围内广受欢迎的独特的商业模式。

定制化与个性化

在我描述这个商业模式之前，有必要对定制化（Customisation）和个性化（Personalisation）这两个名词进行一下定义和区分，因为很多时候人们会错误地将这两个概念混淆。

定制化的意思是指根据一个人的需求和喜好来研发一种产品或服务。定制化的例子有，你可以拥有一辆带有黄色轮辐、粉色车门、绿色顶棚和紫色内饰的汽车（怎么会有人喜欢这么俗气的配色）。耐克公司就是销售定制球鞋一个很好的例子。你可以到耐克公司的网站上，根据自己喜爱的颜色选择定制一双鞋，上面还可以印上你的名字，而这一切只需要200多美元。相比之下，同样的鞋子若没有了定制的元素，它的价格只有五分之一。住在我家的一位互惠生[①]买了一双印有她名字的定制耐克鞋，她对这双鞋爱不释手，从此再也不买那些放在商场货架上的鞋子了。但是我就绝不会花那个价钱买一双定制鞋，也从来不会想要把自己的名字印在鞋子上。与此相似的是一家叫做"制作属于自己的牛仔裤"（makeyourownjeans.com）的网站，这家公司可以为客户提供根据自己的喜好定制牛仔裤的业务。如果你希望自己的牛仔裤的腰比任何人的都低，甚至是低到屁股以下，他们都可以满足你的要求。

　　个性化指的是你有一个现成的产品，然后你通过改变产品的某些性能和特征，使产品符合客户的品位。微软公司也许是首个实践个性化策略的公司，其中一个例子是他们的 Windows 操作系统，该系统能够让客户拥有自己的个性化屏保和桌面。在汽车行业，汽车公司为丈夫和妻子的同一辆车配备不同的钥匙也是一个体现个性化的例子。用不同的钥匙发动汽车时，汽车的设置如后视镜、方向盘的高度、气温控制、音乐以及其他内置电子装置会自动作出相应的调整。

　　未来的商业价值增长点将取决于企业如何让客户来定制或赋予他们的产品和服务以个性化。为了从大规模生产获得成本效益，企业把客户划分为6到10个细分级客户。这样做的前提是每一个客户都是独一无二的，都有各自不同的喜好。亚马逊在个性化销售方面就做得很好，它一直在试图了解客户的兴趣点并迎合他们的需要。其策略就是根据客户以往的书籍和其他产品的购买历史，来为客户推荐他们有可能感兴趣的产品。

　　定制化商业模式会很昂贵吗？其实不然。企业可以通过互联网找到客户，然后将订单直接发给中国的供应商或工厂，这些中国的供应商和工厂会根据一个灵活的生产系统制造这些定制产品，再以相对较低的价格发送给客户。个性化也是

---

① 互惠生是最早起源于英、法、德等国的自发的青年活动，旨在给来自全世界的青年们提供一个在别国的寄宿家庭里体验文化和学习语言的机会。——译者注

如此，其理念就是通过数字技术给顾客提供更多的选择。

在大多数情况下，定制化能够带来新的收入来源，且利润可观，而个性化更多的是为了保留客户群体。但是，请注意不要陷入二者之间的尴尬局面。宝马公司曾经试图同时实践这两种商业模式，也就是说当你购买他们的汽车时，你会有上百种选择，从金属涂料（其中成本花费只是一小部分钱，但他们向客户要价400美元）到合金车轮、运动型悬挂系统以及不同的发动机配置等，都可以让客户去设计自己的车。这看上去是个不错的主意，让客户花了比汽车造价高15%至20%（行业的平均值为2%至5%）的价格购买汽车。然而，之后的事实证明这简直是场噩梦，因为这让宝马公司的规模经济战略寸步难行，结果导致了他们的汽车造价比奥迪公司和大众公司的相似车型造价要高，而奥迪和大众则通过运用规模经济降低了成本。从那以后，宝马以及其他的汽车公司如奔驰公司，则转向提供特定的定制包的服务，比如运动定制包会把合金车轮和运动型悬挂系统相结合。

尽管传统的实体企业才刚开始在这一趋势上进行投资，但我们可以大胆地预测，到下一个十年末尾，通过互联网这一媒介，每一家实体企业都将会向消费者提供高度定制化的或个性化的购买和消费体验。

共同创造的商业模式

共同创造（Co-creation）是一种类似于商业论坛性质的商业战略，它建立在企业社会性软件的基础上，将价值链上的不同部门结合在一起，包括创意的产生、资源分配、创造收入、产品或服务的实施和配送，从而使彼此均受益。这种共同创造模式不仅能够产生新的生产力、新的互动以及提供丰富的学习经验，并且为创新、研发、生产规范甚至是客户反馈和满意度来创造开放的空间。

用下面这个例子来解释这种商业模式是再好不过的了。Quirky公司是一家位于纽约的工业设计公司，他们的共同创造商业模式完全是基于网络的，可以让价值链中的不同部门相互合作。具体工作流程如下：用户以10美元的价格出售自己的创意，然后Quirky的社区每周会从当前一周提交的所有产品创意中挑选出一个并付诸现实，投票时会考虑设计的独创性以及能否被制造生产等因素。投票选出的创意会被传递到 Quirky 的设计、营销和品牌化团队，整个过程都是以众包的形式来完成的。

在产品被制造出来之后，销售的收入所得会在整个价值链上进行分享：30%的收入归创意提交者；30%会分给产品设计人员；剩下的收入会按比例分给其他部门。这种"为更多人提供价值"的商业模式不仅将"价值"带给了除设计和制造公司以外的其他人群，同时也使创新和发明变得更容易，产生的创意更易于实现。

这个模式的独特之处就在于产品是消费者们自己设计的。由于有了设计前的投票和对产品接受度的打分，所以可以确保产品成功地打入市场。

现买现付的商业模式

手机行业里十分熟悉的一种商业模式是一种叫做"现买现付"（pay as you go）的手机租赁模式。在发达国家，一个人可以一次为手机充值 10 美元，而在印度则可以一次充值 10 美分。这种现买现付的理念正在被应用到各个领域。

泰利兹公司（Thales）在阿富汗向盟军出租无人驾驶飞机时，用的就是按小时付费的模式。泰利兹公司不仅出租无人机，还可以在战场上帮助租赁者进行操作。

在驾驶者之间越来越受欢迎的一种模式叫做"按驾驶行为付费"（pay-as-you-drive，简称 PAYD）的汽车保险。这一概念是把保险政策和保险费与一个人的驾驶风险和驾驶行为联系起来，而不是传统的根据一个人的年龄、座驾类型、行驶地点等因素制定保险内容和费用。在 2007 年，欧洲七个大城市中就有 10 万个人采用这种基于驾驶行为的保险模式。预计在不久的将来，这一数字会达到 150 万人，意大利会是欧洲使用这类保险最多的国家。

在能源领域也出现了类似的按具体使用情况付费的模式，这种模式可以让消费者掌控他们的煤气费和电费。这种模式还会被广泛地应用于其他一些领域，如道路收费、宽带上网甚至是健身房会员（跑多少付多少）。

目前，这种商业模式正在从消费者市场扩展到 B2B 市场，其原因是企业开始转向关注他们的核心竞争力。企业并不希望拥有大量的资产，而是希望根据他们的需要把这些资产租赁出去，从而让公司的资产负债表看起来相对简洁一些，这样就能够灵活地根据业务需求来作出权衡。这是一种双赢的商业模式，因为它大大地提高了资产的利用率。这一模式对我们的个人生活同样适用。我们也拥有许多私人资产，但使用的只是其中很有限的一部分。以汽车为例，我们白天通常只有 10% 的时间会使用汽车，而且只使用一个座椅，但我们却喜欢购买有五个座椅、四扇门的大型车。

随着互联网的日渐盛行和普及以及整个世界向服务型社会的转变，使得"现买现付"的商业模式在我们的日常生活中越来越常见。未来，保险公司、汽车公司、耐用消费品制造商、能源供应商，当然还有通信运营商们都会为消费者提供这种商业模式。

团购的商业模式

团购（Collaborative Buying）并不是一个新的概念。但在下一个十年中，团购具有了与以往不同的新特色，而企业也对团购战略进行了进一步的创新和改进，即利用互联网、移动通信技术以及社交媒体等渠道来实现网上购物。

从传统意义上讲，团购的理念来源于中国而不是高朋网（Groupon）。团购指的是一群消费者联合起来和商家议价，以争取最优价格的一种购物方式。这些消费者可能是朋友，也可能是完全不认识但通过网络连接的陌生人，他们在一个特定的日期决定要购买同一种产品或服务。这群消费者将在特定的日子和商家讨价还价，以降低物品或服务的价格，谈成的价钱将对这一群消费者全部适用。截至2011 年，中国已有 5 877 个团购网站，参与的消费者达到 4 200 万人，销售额在那一年高达 200 亿元人民币。

随着互联网时代的到来，团购在今天可以被定义为："商户和消费者通过社交媒体，利用'组群集中购买的力量'来获取最大限度折扣的一种对各方均有利的网上购物策略。"

团购的模式其实很简单。某一产品或服务的打折广告在网上推出，一旦愿意购买同一种产品或服务的消费者到达一定数量时，承诺的折扣就会实现。

这一商业模式能使三方受益：消费者获得了实惠的价格；商家通过最低人数限制获得了大量的新客户群体；团购网站也会从商家那里赚得一定的佣金。

团购网站的发展经历了这样几个阶段：第一阶段，团购网站利用手机应用和社交媒体（如高朋应用）；第二阶段，团购网站会根据地理位置对他们的客户按照不同城市进行划分。像高朋网这样的网站开始按照城市提供优惠，甚至是按照城市的区域提供优惠，例如，伦敦南部的优惠使得该区域的消费者能够更加方便地享受本地化的独一无二的优惠；第三阶段，现在仍在美国的试点城市进行试验和测试，那就是通过 GPS 向客户提供基于地理位置的优惠（如：高朋现时）。

现在让我们进一步了解一下高朋网的成功故事及其团购商业模式。高朋网的总部位于美国芝加哥，他们售出的第一个优惠交易是在公司总部大楼一层的比萨店，而现在高朋网已经把足迹扩展到了全球的 500 个市场，44 个国家。该公司自成立以来已经有了 1.429 亿个注册用户，2011 年的营业额高达 16 亿美元。

高朋网的商业模式非常简单直接。一个商家在高朋网上促销他们的产品或服务，然后注册的用户们就可以通过高朋团购网站以极低的折扣价买到心意的产品或服务。比如，一个客户可能只花 40 美元就可以买到一个价值 80 美元的产品或服务。商家在团购网站和社交媒体平台上提供很大的折扣从而起到促销的效果。如果要求的最低消费者数量达到的话，这个折扣就成为现实。这种大力度的折扣对每一个消费者都适用。高朋网会对每笔交易收取 50% 的佣金（比如，如果卖出的价格是 40 美元，高朋网会获得 20 美元），而商家会获得一大批消费群体。

自这种模式建立以来，高朋网已经帮助很多商家解决了闲置库存的问题，并且获得了大量的新客户。然而，影响力最大的莫过于 GAP 品牌推出的优惠，即只花 25 美元就可以购买价值 50 美元的 GAP 饰品和衣服。这一优惠在一天内完成了 44.1 万个交易，交易额高达 1 100 万美元。当然，GAP 必须和高朋网分享这 1 100 万美元的收入，其中的具体分成到现在仍未向外界透露。

因此，2011 年 11 月，高朋网 3 500 万股的股票总值被估价为 127 亿美元，每股为 20 美元。对此，人们并不感到惊讶。而高朋网在纳斯达克上市的时候，每股股价竟飙升到了 29.52 美元。

然而高朋网所面临的挑战是，如今团购网站越来越多，未来再也不会是高朋网一枝独秀的局面了。

一次性商业模式

想尝试一下特技飞行表演？或是逃到一个城堡，像王子和公主那样度一个周末，享受五星级厨师制作的美味佳肴，周围都是为你服务的侍者？还是登上太空飞船环绕地球一圈？这些想法如今或多或少都能实现，在未来将变得更加容易。现在很多创业型企业正在创建这种一次性体验的商业模式（One-off Business Model），其中一家叫做 Red Letter Days 的公司，他们很快就要面临其他公司的竞争，甚至是像乐购和沃尔玛这样的公司也将推出类似的服务。

分享型商业模式

分享这一理念已经在汽车行业付诸实践，并且受到了广泛的欢迎。2010 年，全球加入汽车分享俱乐部的会员还不到 100 万人，而据弗若斯特沙利文预测，到 2020 年全球将有 3 000 万人加入汽车分享的行列。共享这一理念现在正在演变成对等分享（peer-to-peer-sharing），即个人可以向汽车分享运营商出租自己的汽车（比如 Relayrides）。十年前有谁会想到人们愿意与别人分享自己生活中第二值钱的资产——汽车呢！

一家叫做"像我一样的病人"（Patientslikeme.com）的网站实行了一种类似的商业模式，即共享人们的医疗记录。通过提供免费的服务，该网站吸引了上千名病人，来分享他们的生病经历、症状和遇到的困难。得到病人的允许之后，再把获得的数据出售给第三方机构（医药公司、医疗设备公司等）。

分享型商业模式的确是越来越受到青睐，这很大程度上是因为 Y 一代和 Z 一代的年轻人更喜欢去分享而不是独自拥有。他们认为，人类必须社会化。确实如此！为什么要买一辆平均一天只有 5% 的时间在使用的车呢？

这种想法导致了许多创新的商业模式的出现。我们有理由期待未来会有更多类似创新型商业模式的出现。

"免费—付费"的商业模式

"免费—付费"（Free-premium）这种商业模式已经在软件行业存在二十年以上了。互联网的发展使得人们只需轻轻点击一下鼠标键，就可以分享更多的信息和服务。受惠于互联网的发展，这一模式现在正在扩展到其他很多领域。"免费—付费"指的是一种产品或服务被免费提供，但不包含一些需要付费的产品或服务，如一些更先进的性能、优惠和功能。

Spotify 网站就是一个利用这一商业模式很好的例子。他们分享音乐，提供免费和付费两种服务。最基本的听音乐是免费的，通过广告收入可以维持基本的成本。然后，当你对这一免费服务上了瘾，这一商业模式就会推荐你使用每周 9.99 英镑的付费服务。付费服务的内容包括高级的功能和优惠，如礼物卡、线下模式、线下听歌、无广告、加强的声音质量以及很多其他类似的好处。

基于网络社区群体的商业模式

多亏了 Facebook 和其他社交网站，我们现在可以期待基于网络社区群体的商业模式（Community-based Business Models）有巨大的发展前景。毋庸置疑，Facebook 将会引领这一趋势。例如，世界上患有相似疑难杂症的人可能会聚集到 Facebook 上，建立一个自己的组群。这一群体可以成为某些专业公司的客户对象，这些专业公司会以管理和维持网站的用户为幌子，来向用户推销自己的产品。

通过发 Twitter 来付款或卖东西

有一种十分有影响力的营销手段，即人们通过提供宣传或是做一些事情来购买产品，而不是用钱。首先，卖家为其产品在网站上打出广告，然后创建一个"付款"按钮，消费者登陆该页面，就可以点击"通过发 Twitter 付款"按钮，发送一条关于产品的 Twitter，之后他们便可以免费下载一个文档、一首歌、杂志里的一篇文章，或是一本书的介绍或是一篇论文的摘要等。而且，消费者在 Twitter 上的所有好友和关注者都可以看到这条消息，于是，这一产品很快就会在社交网络上走红。

随着 Innovative Thunders 网站推出一本名为《天啊，发生了什么？我该怎么做》（*Oh，My God！ What Happened and What Should I Do*）的书，Paywithatweet.com 网站也在 2010 年的夏天首次投入实践。三天之后这本书的下载量达到了13 000 次，使这本书成为当年全球排名第三的热门话题。到今天为止，这本书已经下载了 17 万次。

下一个十年的商业模式

世界上将近一半的人（超过 30 亿人口）每天的生活费不超过 2.50 美元。随着全球化的不断深入、中产阶级的壮大以及互联网用户人数的剧增，对企业来说，"制造一个，销售多个"（make one，sell many）的理念就变得前所未有地重要。

"制造一个，销售多个"的理念是指同时在发展中国家和发达国家为消费者制造和销售同样的产品和服务，或是指通过像互联网这样的平台把自己的产品和服务在全球范围内销售。这种商业模式还可以利用许可授权，让自己的品牌成为特许经营品牌，就像宝洁公司的做法一样，全球每天都有近 40 亿人在使用它们的产品。

如果按照先前的定义来看，本章前半部分所提到的大多数商业模式都可以归为"为更多人提供价值"商业模式（Value-For-Many，VFM）。高朋网的团购模式就是一个典型的 VFM 例子，它通过利用互联网将不同的买家联合起来，通过大量购买同一产品从而获得很低的折扣。众包是一种近几年很流行的合作模式，指的是一个任务由很多人一起分工合作完成。这种众包形式其实也是一种 VFM 商业模式，汽车分享商业模式或是医疗记录分享就属于这种形式的 VFM。这种模式只有在用户或会员达到一定数量时才有效。甚至连 Facebook 说到底也是一种 VFM 商业模式。Facebook 平台连接了全球 8.5 亿用户，这无疑会在它的股票价值上有所体现。

VFM 商业模式最有意思的一个特征是，它能够引发各行各业的创新，无论是廉价航空机票还是低价的医疗产品。具有前瞻性的企业能够预测到，未来他们将需要重组现有的研发和设计部门，来降低其成本，并在不同的地区复制成功的商业策略。上一个十年中有很多的"低价产品"策略被企业成功运用。价值2 500美元的塔塔纳诺（Tata Nano）经济型轿车，100美元的XO笔记本电脑，印度35美元的手机，1美元的验孕棒等，都是"低价产品"的例子。这些产品提供了那些同类高端产品最基本的功能和特性。这一策略使得处于收入金字塔最底层的人群也有能力购买以前买不起的产品。企业若想最大限度地利用好这一创新，急需解决的问题是如何平衡价格和质量之间的关系。一旦这一问题得到解决，他们就可以成功地实施VFM商业模式了。

西门子公司不仅采用了这一策略，同时还在印度建立了6个新工厂，来制造低价、创新型产品。这些产品以"操作简单、维护方便、价格低廉、上市及时"而著称。2010年至2011年，西门子的"低价、高创新设计解决方案"部门达到100%的增长，该部门的产品订单占公司总体新订单的10%。西门子公司估计印度消费市场的潜力将近210亿美元，其中低收入人群占了消费市场的70%。

另一个具有前瞻性的企业是通用电气医疗集团，他们为印度农村地区推出了一些便携式心电图仪，总价值25 000卢比，名叫MACI。这些心电图仪把做一张心电图的价格降到了9卢比，降价幅度达到50%～70%。这些心电图仪每台都配有可以使用3个小时的电池，一个月能够生成500份心电图，这相当于印度农村一个月的手术数量。今天，通用电气医疗集团旗下有1 200名科学家和工程师，专门为印度市场研发创新产品和解决方案。他们已经为印度的研发试验投入了5 000万美元，一年能为印度市场创造出10种新产品。

除此之外，以下是其他一些VFM商业模式的例子。

● Aravind眼科医院（Aravind Eye Care Hospital）动一个白内障手术的价格只有25美元，而在西方这一手术高达3 000美元至4 000美元。Aravind眼科医院成功地将一些在汽车行业里常用的商业模式应用到了医疗领域，从而使得这一不可思议又获利颇丰的白内障手术的费用降低变成现实。随着手术链上器材设备、员工和培训的标准化，Aravind的眼科手术都是以流水线的形式来完成的。他们的手术设备都在 24 小时工作，减少了每个手术的成本。医生只需专注于手术的过程，而护士负责手术之前和之后的护理工作，这大大提高了医生工作的效率。

● 孟加拉乡村银行（Grameen Bank）是一家小额贷款机构，专门为穷人和有需要的人提供无抵押的小额贷款，这让他们在 2006 年获得了诺贝尔和平奖，并在 2009 年获得了奥巴马总统授予的自由勋章。女性是他们的重要目标客户群体，因为他们认为女性贷款比男性贷款违约的风险更低。2006 年 12 月 10 日，一位名叫莫桑马特（Mosammat Taslima Begum）的女士代表孟加拉乡村银行所有的投资者和借贷者在挪威的奥斯陆市政厅领取了诺贝尔和平奖。莫桑马特在 1992 年从孟加拉乡村银行获得了第一笔贷款——16 欧元（相当于 20 美元），并用这笔贷款买来了一只山羊，开始了自己的创业之路。之后她成为一名优秀的企业家，最终成了孟加拉乡村银行董事会的一员。孟加拉乡村银行是迄今为止唯一一个获得过诺贝尔奖的商业公司。

● E-choupal 是由印度的一家大型跨行业多联合经营企业——ITC 集团发起的一个倡议，即通过互联网让农民与农产品和水产品（如大豆、小麦、咖啡、虾等）的采购商之间建立起一种直接的"产、供、销"联系。

● 戈德瑞吉和博伊斯集团（Godrej & Boyce）出产的"Chotukool"电冰箱售价 3 700 卢比（69 美元），是专门为印度农村的消费者设计的。这款冰箱的名字也很有创意，意思是"小巧、可爱、很酷"的冰箱。这款冰箱有两种不同容量的型号，30 公升和 42 公升，分别重 7.2 千克和 8.9 千克。Chotukool 冰箱是根据日收入仅为 5 美元的农村消费者和低收入消费者的购物需要和消费习惯而专门设计的，例如，这款冰箱没有冰柜，是因为这些消费者不会购买冰淇淋或是冷冻食品，他们更喜欢买新鲜的食物现买现吃。另外，考虑到这些消费者中的大多数人都没有持续的用电供应，所以这款冰箱有自带电池，且不需要压缩机。戈德瑞吉和博伊斯公司现在正计划创造一系列的"Chotu"低价产品，包括低价洗衣机，还有低价净水器等。

● 我的一个朋友在一家在线公司购买了葡萄酒，这家公司推行的是一种集中购买（crowd-buying）的消费理念。他们为消费者提供很少的葡萄酒品种选择，然后直接从葡萄酒庄以集装箱的购买量去采购，并直接运送到消费者处，省掉了中间零售和批发的环节。

这种VFM商业模式其实早已在发达国家被应用到了报纸业。1833年的秋天，纽约人一觉醒来后大吃一惊，他们最爱的日报《纽约太阳报》（*The Sun*）的售价只有1美分。那天的报纸卖得出奇的好，销量在后两天达到了15 000份，这标志着报业的一种新商业模式的诞生。今天，同样的商业模式被应用到了全世界各地的报社——一些报纸甚至是免费提供。通过广告获得的收入足以维持报纸的低价格和高发行量。英国《都市地铁报》（*Metro UK*）是英国的一份免费报纸，每天的发行量为130万份，有350万的英国人会在早上阅读。作为英国上班族最受欢迎的都市报，《都市地铁报》非常精明地把一份报纸的阅读量设计为27分钟，而这正是伦敦人平均上班所用的时间。这对广告商们来说是最理想不过了，因为这意味着读者对他们的广告关注时间将超过20分钟。

英国的《标准晚报》（*Evening Standard*）也运用了同样的商业模式，开始免费提供他们的晚间版报纸（Metro是早间版）。几个月后，这份有着180年历史的报纸在2010年2月的日平均净发行量达610 226份，而之前最高的纪录是在2009年9月创造下的256 229份，当时的报纸还是付费报纸。他们在2012年2月创下的发行量已经超过了英国主流报纸如《卫报》的发行量。

人们通常会错误地认为VFM商业模式是针对贫穷国家或针对大众的一种模式，其实并非如此。福特汽车公司之所以能平安地度过2009年的金融危机就是因为他们采取了正确的策略，只生产了几种型号的汽车，并把同样的汽车销售到世界各个市场。

VFM商业模式还可以应用到授权和特许经营领域。呆伯特（Dilbert）卡通形象的创造者斯考特·亚当斯（Scott Adams）说，他之所以成为一个漫画家是因为他喜欢同一份工作被多次支付报酬。最开始他画连载漫画，报社给他支付报酬，如果这些连载漫画本被制作成书或是挂历的话，他又会得到一笔收入。从那以后，亚当斯授权他的卡通形象被用到了各种产品上，包括笔记本、冰箱贴、衣服、鼠标垫、毛绒玩具和电视动画，按他的话说，几乎是"任何有标价的东西上"。

福特汽车公司——"蓝椭圆"的新价值

现在让我们回到2009年。那年，全球汽车产业遭受了金融危机的重创，汽车公司只能艰难度日。各家汽车公司都在努力寻找将损失降至最低的最佳战略，试图在艰难的环境下生存下去。北美的汽车公司受到的影响最为严重，很多大的汽车公司都纷纷开始裁员，变卖品牌，宣布破产，有的公司甚至还申请了联邦政府的救助以求勉强维持。然而，密歇根州的底特律市有一家汽车公司却始终坚持了最基本的战略，从他们百年辉煌的品牌历史去寻找灵感，那就是福特公司。如今，一些专家明白了福特公司当时没有宣布破产，并且没有接受政府救助的做法是正确的。他们的战略不仅赢得了忠实客户的心，也可供其他企业效仿。这个战略就是建立在"为更多人提供价值"的商业模式基础上的，即在世界各地都制造相同的汽车，但根据各市场的不同特点作一些本地化和个性化的调整。

大约一百年前，福特汽车在传送带和生产线上大批量生产他们的T型车，继而创造了VFM商业模式，这一商业模式所产生的影响是巨大的，他们的汽车迅速取代了马车，而马车在当时是最快的交通工具。

在之后的90年代中，福特公司

一直运营得很好，可是后来却渐渐迷失了发展前进的方向。然而，历史轮回，他们在 2009 年又开启了一个新的战略——一个福特（One Ford）。这一战略的核心内容就是部署其全球平台，重新调整他们全球所有的汽车型号。在当时的新总裁艾伦·穆拉利（Alan Mulally）的带领下，福特公司将其旗下的型号标准化，然后在全球各市场——不论是北美、欧洲还是亚太地区都销售同样的型号，并分析各地合作商的优劣势（选择正确的厂商和构件库），测量他们的工厂距生产地点的远近，以及选择最佳的发布价格和发布时机。结果，福特汽车以其更小、更轻、更省油，并且还带有吸引人的电子设备的特点顺应了市场的需求，从而赢得了市场。

2012 年在采用了 VFM 平台战略之后，福特集团只保留了 14 个生产平台，减少了近 50 种车型，共制造了 510 万辆车。而这几乎是 2007 年 27 个生产平台、90 种车型生产量的两倍。微观因素（Micro-factor）分析显示，在三分之二的指标中，福特公司的表现均超过了同行的主要竞争对手，如大众汽车和现代汽车。例如，2010 年在每一生产平台的汽车生产数量这一指标中，福特公司达到了 36 万辆，而行业平均数为每个平台为 24 万辆；在每个平台生产的平均车型数这一指标中，福特达到了 3.57，而行业的平均数仅为 2.56。

福特公司自采取全球平台战略之后，就开始用全球 B 级车平台和全球 C 级车平台大批量生产福克斯和嘉年华型号的汽车。预计北美地区市场全球 B 级车的生产会有所增长，其次是全球中型车平台；而欧洲市场则对他们的全球 C 级车比较热衷，其次是 B 级车平台；增长最明显的市场将会是亚太市场，预计亚太市场会支持全球B级平台，其次是C级平台，用来生产B级和C级车。这些B级和C级汽车平台被认为是其核心平台，这两大平台生产的汽车总量预计会占据福特2020年750万辆目标中的60%，在2010年时则占到了福特510万辆目标中的一半。

这些汽车平台的标准部件以及相同供应商的共享率高达60%，这将减少地区之间的差异，使不同地区的市场紧密结合。在濒临破产的紧要关头，福特汽车公司的领导者们非常清楚，VFM商业模式中的平台战略不但可以减少60%的设计相关成本和40%的投资成本，而且还能提高产量，并让公司保持可持续的增长。

这一战略的成功最终反映在了他们的股价上，福特公司的股价从2009年2月最低时每股2美元涨到了2011年中期最高时每股18美元。从那以后，福特公司已经连续6个季度实现了增长和盈利。

那么这种商业模式的成功要素都有哪些呢？我列出了如下几点：

1. 想一想你的客户群体有没有什么可以利用的共同特性，例如，网络或手机（以及日后将会普及的手机银行）；

2. 找出你产品的潜在客户群体，然后开展一种创新、出人意料的模式。以英国《都市地铁报》为例，如果广告收入是由报纸的阅读者数量决定的，那么为什么还要读者为报纸付钱呢？看报纸的人越多，广告收入也越多；

3. 在全球市场中销售同样的产品或服务时，企业应针对不同市场做一些最小限定的本地化处理，比如福特公司的汽车平台等策略；

4. 利用互联和全球平台如互联网（地球上近50亿人可以上网），通过网络将买家联系起来；

5. 全球化的出现将会使人们的品位趋于一致，应充分利用这一点；

6. 从第一天起就开始通过 VFM 商业模式去销售产品，并使这一商业模式规模化。

"为更多人提供价值"以及"制造一个，销售多个"的商业模式将会是 2020 年全球企业采取的最重要的商业策略，这就意味着大批量标准化生产加本地化（和个性化）的改良。中间环节在未来的商业中将不再需要，取而代之的是移动互联网平台制定的基于全球化的营销方案。

NEW MEGATRENDS
IMPLICATIONS FOR OUR FUTURE LIVES

08

互联与交汇时代的到来

多点触摸屏、生物识别、虹膜识别、个性化广告、昆虫机器人、3D 视频、电子纸张和软性屏幕浏览（surface browsing）……当斯蒂文·斯皮尔伯格把这些未来科技融入到电影《少数派报告》（*Minority Report*）中时，很少有人会想到 2020 年这些科技真的会出现在我们的日常生活中。互联与交汇的发展不仅使我们能够享用这些尖端技术以及它们所产生的各式各样的创新应用，还能让我们像电影中的汤姆·克鲁斯那样，通过空中手势就可以操作装置和数据。

因此，请做好准备迎接 2020 年互联与交汇时代的到来吧！在这个时代，我们将可以轻轻动一下手指，眨眼间就能完成任务。我们不仅会看到家里出现各种不可思议的、富有创意的产品和设备，同时还会看到各个主流行业如科技、医疗、交通、能源等彼此互联、交汇，为我们创造真正智能化的生活。

到了 2020 年，在这个科技当道的时代，全球会有 800 亿个设备、90 亿个手机、50 亿个网络用户实现互联，每个人有 5 个装置互联，每个家庭有 10 个装置互联，每平方米有 500 个带有 ID 的装置（物联网）互联。随着人们对上传和下载电子图片、上线玩游戏、使用社交网络以及看在线视频的需求的不断增加，未来全球数据流量将会变得极其庞大。

产品、科技和行业的交汇

互联和交汇是两个彼此相关却又不相同的大趋势，两者之间有着千丝万缕的联系。互联恐怕是所有大趋势中进化曲线走势最陡峭的一个，同时也是被人们认为理所当然应该出现的大趋势。互联能够让我们在任何时间、任何地点发布消息，实现彼此交流、响应、互动，让我们拥有了移动生活，使我们每一个人变成了独一无二的数字公民。

在本书中，我们把交汇定义为对现有产品、科技和行业的整合，而这些整合又将导致新型的、有创造性的独特产品、科技和行业的出现。这些因交汇而产生的新产品要么会吸收每产品的特性，要么具有每产品所不具有的独特功能。

广义上讲，交汇可以分为三种类型：

产品的交汇（如：电脑＋电话＝智能手机）；

科技的交汇（如：建筑科技＋自动化＝智能家庭自动化）；

行业的交汇（如：空间＋太阳能＝空间太阳能）。

交汇所产生的小型装置

在过去十年，机器和装置的发展经历了持续的转变。我们看到大机器演变成产品，然后变成小型装置，很可能像布鲁斯·斯特林（Bruce Sterling）在其名为《重构一切》（*Shaping Things*）一书中所预测的那样，我们很快会在下一个十年看到"spimes"（无线射频识别＋环境互联＋ GPS 等）和"biots"（生物工程设备）的出现。

今天，因交汇而产生的小型装置指的是两个或多个个人及家用产品整合在一起的后代，它们具有很多酷炫的功能，并且使用起来非常方便。今天，手机的计算能力比 20 世纪 60 年代美国宇航局的计算机还要强。我们依赖手机来查看邮件、发短信、上社交网络、浏览网页和寻求导航帮助，当然还有打电话，而在以前，所有的功能都需要由不同的设备来提供。

环境互联（Ambient Connectivity）之所以引人注目，是因为它可以改变我们的个人生活、交流的方式、工作模式、交通出行选择和日常活动，甚至影响我们人生中的决策和恋爱关系。在不经意间，它也影响了上一个十年中各行业的商业活动、商业模式、市场甚至是市场渠道。现在，人们越来越追求更快、更便捷的生活，因此对能够集不同功能于一身的产品的需求日益增加。与此同时，网络数据费也在不断增长。在不久的将来，我们将看到更多具有高创新型消费产品的出现，其中一些产品不仅会改变我们的生活节奏，还会改变我们的决策和选择。目前互联已经对我们的生活产生了如此深远的影响，那么，互联和交汇在我们未来的生活和未来的世界中又将会带来什么样的改变呢？

智能产品的新化身

今天的手机早已不仅仅是打电话的工具，而变成了集诸多功能于一身的个人装置。如今的手机是我们的钱包、车票、地图、组织者、浏览器，有时甚至是旅行建议者，在需要时也可以成为娱乐工具。未来，手机的这些现有功能还将进一步整合，使之成为一个具有看门人、秘书、银行职员和商店功能的智能手机，甚至还可以替我们做出独立且准确的决定，如个性化短信、来电回复和来电过滤、下食品订单、在朋友生日那天替我们订花等。这些新功能可以通过事先设置使用者的喜好、联系人信息、饮食习惯和经常出入的地点等来实现，并不需要人为的介入（或很少）就能自动地作出智能化的反应和响应。

不久的将来还会出现更多汇集了不同功能的智能产品，如 3D 智能电视（不需要戴眼镜）、与网络连接的微波炉、智能报警系统，甚至是数码相框（能够自动从你的 Facebook 上下载照片）。可穿戴的电脑也将出现，比如腕表计算机会扮演智能手机的角色，还可以实现音乐和视频下载。一家名为"蓝天"的意大利公司在 2012 年推出了一款叫做"我是手表"的智能腕表，运行的是安卓操作系统。该腕表带有麦克风、话筒、云主机和 Apps 商店，可以用来看图片、听音乐，当然还支持网上浏览，而最重要的是，它还可以显示时间。

数码产品的集成不仅会应用于现有的个人电子设备，还会应用于一些实物，如相框、桌面，甚至是你家中的墙壁。

未来充满智能化互联设备的互联家庭

让我们现在就穿越到未来，看一看我们未来的数字家庭生活会是怎样的情景。

2025 年，你下班回家后的一个普通夜晚会是这样度过的：视网膜扫描仪会在你进入家时进行检查，之后在门口，虚拟人工智能技术会检测一下你此刻的情绪，并对勘测到的信息作出智能化的反应，以便为你今晚的娱乐活动做出相应的安排。这一人工智能系统已经和你的手机在一起工作了一整天——不断地接听和过滤电话，并且根据事先的预设程序自动做出决定。家中几乎所有的东西都会通过网络节点与网络相连——纸张、食物、微波炉、家具和安全系统等都包含在内。家中的各种设备不仅可以彼此独立地工作，还可以智能地互相交汇。除此之处，你还可以通过手机、汽车、办公室的个人电脑以及其他移动装置对这些设备进行远程操控。

所有的这些家庭装置不仅能够与网络相连，而且还带有触感识别和语音识别功能。家用冰箱里的食品将带有电子标签，从而可以提前计划当天晚餐最适宜的菜谱，生成的电子菜谱将会显示在厨房餐桌的触摸屏桌面上。全息技术也将融入到家庭中，也就是说，你可以选择让你最喜欢的名人厨师虚拟地指导你准备晚餐。

通过和一个可互动的家庭地图相连，家庭安全系统和儿童监控设备就可以随时告知家庭其他成员当前在家中的位置。传感器可以感应到家中成员此刻的"情绪"，并相应地调整灯光，通过数码定制周围的环境。家庭娱乐设备将会呈现完完全全的 3D 效果，并带有身临其境的全息成像，创造全方位的感知体验。

通过利用云端技术，所有的设备都可以随时播放你保存在手机、平板电脑、个人电脑、汽车上的音乐和视频。电子墙纸将使房间里的墙壁实现互动，可以用来玩游戏或提供其他的互动选择。也就是说，我们今天使用的电脑桌面界面将会被显示在墙壁上。对那些时尚潮流的追随者来说，甚至连家中的镜子也可以产生互动，能够识别带有射频识别标签的衣服，从而给出时尚搭配的建议。这一理念在未来的服装零售店也将会得到广泛使用。

这种互联式家庭交流还会扩展到其他领域，如一整栋大楼和里面的居住者、汽车完全互联，甚至可能是与整个城市的智能基础设施互联。我们生活中出现的环境智能化互联将会变得无所不在。

互联与交汇趋势所带来的启示

互联与交汇这一趋势会给我们带来哪些宏观上的启示呢？让我们再一次穿越时空来到 2020 年，看看我们的生活是如何因交汇而改变的。

数据洪流：泽它字节时代的到来

环境互联的一个重要方面是数据流量的大小。到 2020 年时，网络的数据流量将激增。随着未来科技的发展和创新型网络个人产品和家庭产品的出现，我们很快会看到数据流量，尤其是全球 IP 流量，到 2015 年达到"泽它字节"（zettabyte，ZB，相当于 10 000 亿兆字节）的水平。根据思科公司的研发报告显示，每年的 IP 流量将达到 4.8ZB。这些 IP 流量内容的 60% 将会来自视频（手机视频、网络电视和个人电脑）。这意味着到 2015 年，一秒钟内 IP 网上的视频量有 100 万分钟，花 5 年时间才可以看完。关于数据流量的问题，也就是我们说的"信息肥胖症"（infobesity）导致了时下最热门的云计算理念的出现。众所周知，云计算是基础设施汇集的结果，即服务器、软件、存储和网络平台的集成，数据已经不再是单指我们电脑中的数据，而是大量的远程服务器机群，这些服务器机群能够让我们在任何时间、任何地点、通过任何设备获取我们的个人云或商务云。像谷歌和 Facebook 这样每秒需要处理大量数据的网络公司已经开始建立他们自己的服务器机群。谷歌公司目前在全世界拥有 15 个服务器机群。2011 年 10 月，拥有 8 亿用户的 Facebook 宣布，将在北极圈上的瑞典港口城市吕勒奥建造一个能够置放他们的计算服务器的服务器机群。这一价值 7.6 亿美元的服务器机群，每年的能源供给开发高达 4 500 万英镑，还好这些电力都来自可再生能源。

对于那些使用云技术的企业来说，这些服务器机群意味着一件很简单的事，那就是减少了运算成本，尤其是减少了资产购置的费用（如购买服务器、软件和设备）。因此，在互联的世界里，像 EMC 这样的云计算公司将会是行业中具有巨大影响力的企业。现买现付的商业模式将变得十分普遍。举个例子来说，随着云技术的出现，一家新创建的游戏公司的用户数可以从 6 个迅速发展到 10 万个都没问题。能够获取云也就意味着获取了无限的资源。

摩根斯坦利公司声称，通过云计算处理的工作量在未来三年中每年会增加50%。如今，任何企业都可以从像亚马逊和微软这样的公司租用云。亚马逊的弹性计算云（Elastic Compute Cloud）就是一个例子。他们对一个最小的微型虚拟机实例（Instance）的要价为每小时 0.02 至 0.03 美元，每月的价格从 14.4 美元到21.6 美元不等；对于较高内存 CPU 的存储费用大概在每小时 2.48 美元。这样，企业就可以在运行他们的内部软件的同时，把企业的数据存储在租来的云上，而不需要在自己的内部服务器上管理数据。

数据集成从微观层面上也带给我们启示。数据洪流、云计算、商业分析和社交媒体，正在影响价值链上每一个部门的战略。企业当前正在通过一些以前想都不敢想的方式，重新发现一些赢利来源和新的商业模式。"泽它字节"时代的来到将为数据存储、数据处理、数据协作、数据交换，甚至是数据空间等带来更多的发展机遇，随之也会产生更多新的商业模式、新的部门飞地、新的企业组织结构模式、对价值链上的彻底颠覆和对数字基础设施投资的出现。除此之外，这些还将促使行业竞争者和提供商之间开展新的合作，创造出新的企业生态系统。

在未来，如何有效利用内部数据将成为拉开企业间差距的重要因素。像谷歌、微软和 Facebook 这样的公司不再是行业中最明显的竞争者。举个例子来看，高朋网最近收购了一家基于位置的数据库公司 Hyperpublic。高朋网这一战略性的并购是为了让他们的企业生态系统更加完善，能够更好地利用手机技术处理每日的业务。通过收购 Hyperpublic，高朋网打开了一扇通往无数机遇的大门——获取大量基于位置的数据。很快，高朋网将不再只是一个单一的团购网络，而会成为一个能够提供个性化服务的企业，所有的网站和应用开发商们将会很快利用和推广这些服务。

数据的力量对价值链上的每一个环节来说，都蕴藏着无限潜力和创新机遇。

比如保险行业，如今的保险行业已经不再是以产品为导向了。喜欢高新科技的消费者们会变得更加移动化和智能化，并且通过科技手段，将会有大量的信息供他们处理。这些消费者们希望参与到保险过程的每一个环节——销售、申请、更新等，而这些都可以通过科技，甚至是手机（如果可能的话）来实现。另外，通过数据分析功能的加强，将会为不同商家创造全新的机遇。TomTom 是一家卫星导航系统制造商，目前已经和一家叫做 Motaquote 的保险公司建立了合作关系，引进一种新产品——TomTom Pro 310。该产品能够让安全驾驶者们少交保险费。这个装置不但可以在延迟刹车和急转弯的时候提醒驾驶者，还可以通过一个跟踪器检测驾驶者的驾驶习惯，并反映在仪表盘上。如果一个人的驾驶习惯非常鲁莽，那么他所要付的"Fair Pay 保险"服务价格就会更高。这就是一个将车载信息系统、保险和导航系统相结合的一个例子。

互联与交汇为企业文化所带来的启示

数字媒体和实体媒体不仅对我们的娱乐休闲产生影响，也会对我们的企业文化——会议、销售、服务和工作任务产生深远的影响。

无纸张会议室、触屏桌、全息键盘和带传感器的情绪照明将会是未来办公场所配备的装置。来自世界不同国家的成员将会通过应急通信技术如电话会议、视频会议会进行交流和沟通。未来，我们可以想象世界各地的同事借助 3D 技术和全息技术以数字化的方式仿佛随时都能穿越到我们身边来。

因此，实现互联的企业将会从传统的管理模式，即单一的管理者和下属这一模式转变成共同互联的领导模式，赋予每位员工权力，通过互联和任务跟踪工具来评审决定和政策。这样一来，不仅提高了企业的透明度，还彻底改变了生产率管理，使企业实现"信息民主化"，让每一个员工都变成了 CEO 。

社交分析工具也将对办公室环境发挥作用。IT 精英们将很快就能在工作中使用企业合作工具如 wikis 和博客、视频、网络电话和社交网络界面来和同事进行交流。这就消除了企业中上下等级制的管理模式，从而使企业组织结构成水平状发展。

随着人们出现在工作场所的需要逐渐减少，很多新型工作方式将会出现，如在家工作、灵活工作或自由职业、咖啡馆—办公室一体化，以及租赁的办公空间。

新型商业模式的启示

互联对新型商业模式的影响是最大的。这些商业模式都是从一些小发明和应用的交汇结合而产生的，有的甚至是行业间的交汇。今天，人们随身携带的拥有网络连接的个人装置很大程度上影响了企业的战略和商业模式，其中的一些我们在第 7 章中已有所介绍。

移动商务：数字时代的黑金

随着移动通信技术的发展，越来越多的企业意识到，手机可能是未来联系消费者的唯一途径。移动商务将会成为电子商务中的主流形式，到 2015 年会达到 1 190 亿美元（比 2009 年的 12 亿美元高出近 10 倍）。移动商务将会因此成为数字时代的黑金。

我们很快会看到各种不同的交汇出现：现金和手机、电子钱包，不同公用设施供应商交汇成一个综合服务提供商，基于位置的服务与增强现实功能相结合产生出新的商业模式等，更不用说一些新型的数字广告形式，其中一些在今天已经随处可见。

乐购是英国一家零售商企业，在进入韩国市场之后，他们想出了一个利用首尔市民上下班等地铁的时间来出售产品的办法——在地铁里建立虚拟超市。这些虚拟超市实际上就是用照明 LED 显示屏来显示他们的货品，每个货品带有二维码，人们在等地铁时只需用智能手机扫描他们想买的产品，然后乐购就会把所订货物送到他们的家中。乐购公司在实行了这一具有创造性的方式后，虽然并没有开设任何新店铺，两个多月后，销售量让人吃惊地增加了 135%。而中国的企业也不甘落后，一号店是目前中国最大的网上零售超市之一，他们在上海也采取了相同的策略，希望能够复制乐购的成功。

银行的经营也将会出现许多新的模式，如移动支付、移动贷款服务、短信咨询、移动投资支持和移动营销。一些服务，如贷款支付、储蓄账户管理和汇款转账等将完全通过云来管理。根据普华永道公司的分析，到 2015 年，由于对数字银行解决方案需求的增加，以及消费者对便利银行的青睐，移动银行将取代传统的银行营业厅，成为人们最喜欢的银行渠道。根据弗若斯特沙利文公司的预测，到 2020 年移动银行的使用者数量将达到 64 亿人（2011 年仅为 3 亿人）。另外，在一些非洲国家，移动银行将占全部银行交易的 70%。而预计在印度也会出现 2.5 亿移动银行用户，到 2020 年，印度整个国家银行交易的 30% 将会是通过移动银行来完成的。

银行会逐渐地采用越来越多的新型商业模式，很快他们就会开始发现，他们并不是金融领域里唯一的商家，一些电子支付引擎如 PayPal、Zygna、亚马逊和谷歌正在进入这一领域。在不久的将来，银行不得不与这些 IT 商家进行合作，从而建立他们自己的数字银行系统。

这一合作空间的潜力是巨大的，而且尚未得到充分的开发和利用。法国巴黎银行（BNP Paribas）与法国电信运营商 Orange 在 2011 年携手合作，创立了法国首个移动银行，具有移动银行业务和移动支付功能。法国巴黎银行还包含了近场通信（Near Field Communication，NFC，也称近距离无线通信）支付和平板电脑银行。在法国尼斯的上班族们已经可以使用 NFC 乘坐公交车而无需购买实物的车票。

基于位置的个性化广告

互联与交汇这一大趋势给我们带来的另一个启示与广告业有关。2011 年全球的广告费达到了 4 300 亿美元，其中互联网上的广告费占到总体的 20%。到 2012 年，网络广告费增加了 12.8%，到 2016 会达到近 1 175 亿美元，占全部 5 600 亿美元的 21%。网络广告领域毫无疑问最大的赢家就是谷歌公司，谷歌的网络广告占了所有广告的 44%，特别是在收购了 Youtube 和 DoubeClick 之后，这无疑将对谷歌过去几年的持续增长起到极大的促进作用。到 2016 年，那些有丰富图像内容的广告（如视频），尤其是出现在社交媒体平台的广告，将增加到 280 亿美元，这将占到网络广告中很大一部分。金砖四国的网络普及程度在不断上升，因此也会带动未来网络广告的增加。2011 年，中国的网络广告支出达 81 亿美元，比纸质媒体广告多支出了 71 亿美元。

随着根据消费者们的购买习惯和购买行为将他们分成不同的群体，网络定制化广告将会是下一个十年的主流。随着网络设备如网络电视的兴起，多渠道广告将增加它们与消费者之间的接触点，随着商业领域很快将具备能够集成大量数据的能力，从而对消费者做出清晰和准确的判断，这将为那些处理网络分析包、分析工具和数据测量的企业带来很多商机。

我们可以期待广告领域出现新的趋势，而这些趋势将会促进增强现实技术的发展，从而导致基于位置的广告、社交网络广告和视频广告的出现。广告甚至还可以根据人们发的微博和回复的留言作出相应的改变。也就是说，在未来，你和你的朋友在各自不同的网络电视上会看到完全不同的广告，即便你们同时在收看同一个电视频道。可以说，未来你看到的广告将会是你"想"看到的广告。

下一个十年的超级互联平台

我们有可能在下一个十年中看到三大超级平台的出现，那就是谷歌、苹果和Facebook。这三大平台将在未来的 5 年到 7 年里将会主宰整个网络生态系统。我们会看到这三大公司疯狂地并购，以便在他们的平台上创建新的服务和应用。尽管也有很多人预测，像索尼、三星、松下和飞利浦这样的公司将有可能在物联网中扮演重要角色，然而，这些企业还没有制定任何合作战略，也没有完全理解和驾驭互联的力量。因此，未来互联世界里的统治者仍将会是这三个超级互联巨头。我们不应该把微软排除在外，尽管在上一个十年中，微软在创新领域中没能走在前列，但他们一直有出色的竞争战略，所以很有可能会东山再起，成为这一市场中第四个有影响力的企业。

行业间的交汇

移动通信技术为跨行业的互联与交汇提供了前所未有的可能性。移动通信技术如今已经融入了我们生活的方方面面，从上网浏览到下载音乐，从网上购物到网上银行，从旅行计划到理财建议等。其实这些都是 IT、电信、银行、零售、金融以及全球定位系统的交汇所带来的结果。这些交汇建立在移动技术平台上，并通过消费者各式各样的应用转变为现实。然而，信息、通信和媒体并不是未来十年中唯一会产生交汇的领域。图 8—1 显示了产品、技术以及行业各部门之间的交汇。

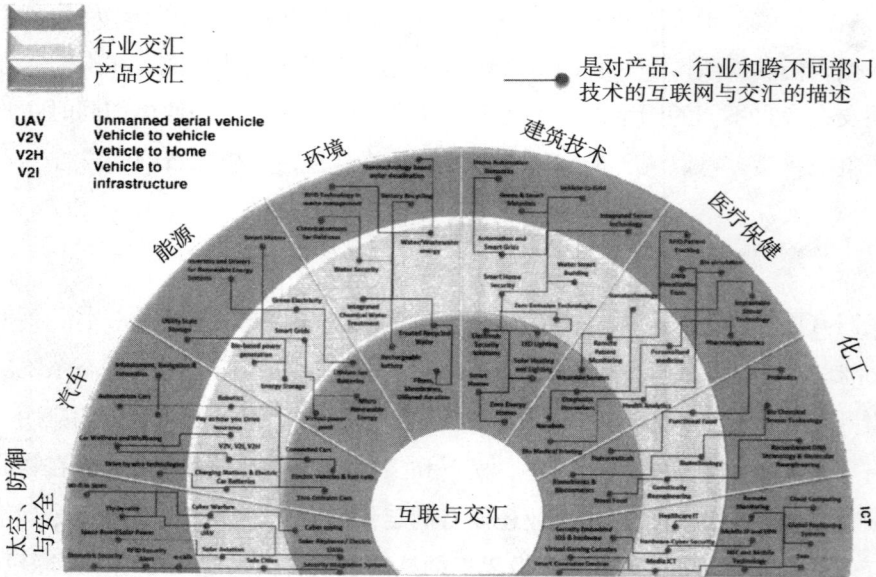

图 8—1　产品、技术以及行业各部门之间的交汇

医疗的互联

我们未来的家庭中将会出现无数交汇而来的产品，这些产品能让我们在世界上的任何地方与数据空间中与其他使用者相互交流。这就意味着，我们未来的家

庭不仅会变得智能化，同时还将拥有各式各样的因交汇而产生的小发明和应用，能够把我们和我们的办公室、汽车、当地医院、当地杂货店、银行甚至是在当地网络中的产品和人相连接。家庭自动化将与机器人技术、人工智能、能源、医疗、传感技术与电信行业连接，当然还有网络，从而营造一个真正智能化、绿色环保、互联的结构，可以通过语言识别进行操作。

楼宇管理和控制系统会融入安保应用和生物识别技术，未来的楼宇会有更严密的身份识别管理和侦窃系统，进入楼宇将被更加严密地监控。

再来看一看 2020 年你所在地区的医院吧，那时的医疗领域将和 IT 部门有更多的交汇。在未来的医疗领域将会出现追踪医院病人的情况、检查库存、监控城市中医疗服务的提供情况。手机将会作为一种有用的工具，或一种和不同医生、病人，甚至是医院合作交流的模式。从宏观上来看，疫情和疾病发病率地理可视软件（如全球疾病预报地图 HealthMap）通过卫星和远程医院相连，虚拟自助组和灾难管理技术（如 InSTEDD 的 GeoChat）将会改变整个医疗行业的动态，并将帮助专家们更好地了解疾病的发病率情况，从而做出相应的部署来遏制疾病的爆发。

各国政府也开始意识到医疗行业和 IT 业的交汇结合是不可避免的，并会提出各种倡议和出台各种政策来促进这一趋势的产生。比如，2009 年美国《复苏与再投资法案》（*American Recovery and Reinvestment ARRA*）中制定了相关法律法规，来鼓励医疗服务提供机构加快采用电子医疗记录（Electronic Health Records，EHRs）。美国的医疗系统若能完全采取电子医疗记录，理论上来说，那将大大减少医疗事故和账单错误，减少病人照护方面的开支，提高长期医疗健康的效果。到 2014 年，美国 95% 的医院已使用了电子医疗记录。自从在 2002 年建立了欧洲医疗记录研究所（European Institute for Health Records）后，欧洲在这一方面一直处于世界领先位置。截至 2011 年，欧洲共有 23 个国家决定共同开展一项从 2009 年到 2013 年耗资 3 600 万欧元的计划，来共享各国间的电子医疗记录信息（病例摘要、电子处方）。多亏了云计算技术的出现，才使这项计划得以实现。云计算能够将这些庞大的数据进行整合，其所产生的能量是无限的。研究者们可以监测人口的健康模式、传染病的传播情况，甚至是一些基于地理位置的季节性变异。未来的疾病诊断将从传统的治疗向预防与预测转变，从而大大减少国家的医疗开支。

很多企业正在快速进入电子医疗领域。StartDoc 是一家基于电子医疗的虚拟出诊服务公司。他们把病人和医师互联，一周七天，每天 24 小时提供全天线上服务。通过利用网络和电子医疗记录，StartDoc 向患者提供有资质认可的专业医生的电子诊断和电子治疗服务。StartDo 将医疗集团、医师和患者相结合，此举深受那些重病患者的欢迎，因为他们可以在网上获得非常及时的诊断和治疗。

手机医疗服务，又称移动医疗（M-health），现在发展势头良好，尤其是在发展中国家。而这些离不开移动平台开发商、医疗和生命科学机构、无线网络运营商和应用开发商们的相互交汇，来为每一个用户提供必要的基础设施和技术（见图 8—2）。

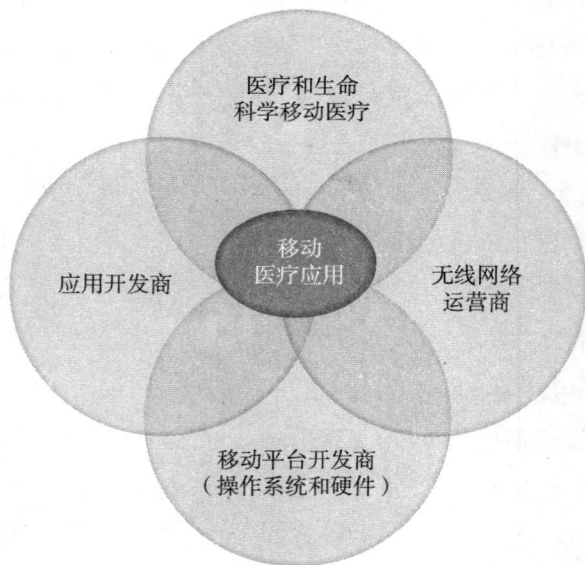

图 8—2　移动医疗应用生态系统中各领域商家的交汇

资料来源：弗若斯特沙利文公司

一些移动通信运营商甚至还向医疗服务机构提供金融服务。例如，肯尼亚的 Safaricom 正在使用它们的移动银行平台 M–Pesa 来为当地的农民提供储存、转账、分发银行贷款等服务。尽管这一平台的推出并不是为了迎合医疗服务的需要，但在实践中，这一系统对医疗的筹资十分有利，尤其是对于乡村儿童的疫苗接种。这一移动银行拥有 130 万个客户，是世界上最大的移动银行，他们正在利用和提供与银行服务相同的平台，为患者提供医疗资金。

医疗领域的技术在下一个十年中会进一步地交汇，给社会带来幸福与安康的概念、远程医疗、远程监控分散医疗服务、新型给药系统、虚拟手术和监测以及虚拟医院，这些都会在价值链上的各环节创造新机会，当然也会挽救更多的生命。

在个人医疗领域中，远程诊断和自我诊断装置将迅猛发展。在你自己的家中将会出现许多新产品，如低价手机眼睛检查、能够将检验结果传输到智能手机或平板电脑的便携式的显微镜、能够发现癌症的数码相机、基于网络的听诊器、智能身体监测仪、自我诊断工具、掌上诊所、短讯咨询和应用（如一款名为"eMedonline"的应用能够提醒病人按照计划用药），这些产品将使我们能够足不出户就可以享有医疗诊所的服务。

到 2020 年，安康与幸福将成为一种流行的健康理念。安康的理念将融入到科技、医疗和能源领域，让我们生活的每一个空间，无论是汽车、家庭，还是办公室都符合人体工程学的要求。性能统计和生物统计数据一旦和手机应用相结合，将会产生各式各样的新型"安康"产品和应用，如自行车充电器、运动传感器产品（如能够检测使用者的运动程度的 Fitbit），以及其他每日的营养和健身方面的应用。今天，一些像 Adidas miCoach 的应用和街机①风格的健身房就是安康和幸福概念得以应用的例子。

游戏也能和医疗领域相结合。现在已经出现了可穿戴的科技装置，如 Switch 2 Health（S2H），这种装置能够根据你的健康状况给予反馈积分，然后可以用积分来换取游戏的升级和奖励。任天堂系统还可以植入一个装置，用来测量玩家的

---

① 街机（Arcade）是置于公共娱乐场所的经营性专用游戏机，也可称为大型电玩，起源于美国的酒吧。——译者注

血糖水平，然后奖励他们用来购买新技巧的虚拟货币。

互联的汽车，互联的交通

看看到 2020 年，你的汽车会变成什么样子吧，我保证你会非常吃惊。你的汽车将不再仅仅是一个载人工具，而有可能成为你的办公室，你的家，你的娱乐中心——让你在驾驶时能够完全体验互联的移动交通。微软公司预测，未来的汽车将会成为继手机和平板电脑之后的第三大互联装置。的确如此，汽车工业将会和 IT 业、能源、传感器、卫星系统和电信业实现完全的交汇，来实践诸如互联的汽车、自动驾驶、应用商店、电动车充电站甚至是轮子上的 Facebook 等理念。

实现汽车互联的一个方法就是对汽车实施个性化设置。宝马公司已经开始在这一方面进行了努力探索，并提出了"互联驾驶"（ConnectedDrive）的设想。这一理念的内涵是，通过使用带近场通信功能的钥匙来辨别驾驶者，之后可以使驾驶者能够重新获取那些他们之前在家中获取的内容（如音乐、新闻等）。除此之外，汽车还添加了基于情绪的播放列表功能，能够确保驾驶者聆听的是他最喜欢的音乐。

近场技术在汽车中得到运用后，还将会应用到智能手机中，它将成为一种虚拟的钥匙，在车主忘记带钥匙时也能开动汽车。驾驶者会收到来自个人语音助理的问候，然后用自己的手机立即与汽车的信息娱乐系统实现对接。这一智能系统将会导入所有的数据，语音提示也会提醒驾驶者当天重要的会议安排，还可以大声地读出短信、Twitter 和邮件的内容，并且可以通过驾驶者的自然语言对其进行回复。

汽车公司还将会开发汽车应用商店，专门为客户提供受正规认证的汽车内部的应用，这和我们今天智能手机中的应用相似。

未来的互联汽车将会运用一种带有增强现实技术的应用，从而以完全互动的方式向驾驶者提供信息。关于车内智能应用利弊的争论从未间断过，说到底就是驾驶者如何与汽车沟通的问题，反之亦然。也就是说，汽车内的驾驶操作界面决定着驾驶者究竟掌握多少自由。奔驰公司的 Dice 概念就是一个很好的例子，它展示了增强现实技术是如何通过和语音界面技术的完美结合，从而减少工作负荷的。丰田汽车公司的交互式车窗玻璃（window to the world）正是运用这样一种具有开创性的科技，它既可以用作显示屏，也可以用来传输信息。

汽车的导航系统将会储存该汽车所有行程的历史数据，能够向驾驶者推荐最佳路径，这样一来可以节省汽油，使驾驶者以最快的速度达到目的地。加强版的导航系统还可以提供兴趣搜索，列出一些驾驶者需要的或感兴趣的当地信息，如餐馆、加油站和其他所需的服务等。导航系统还将变得更加智能化、更加敏感，并根据当时情况为驾驶者提供最佳路径（比如，如果是在周末出行，导航系统会提供可以看到海的、路上有很多餐馆的行驶路线）。

从娱乐功能的角度看，除了带有社交网络和收音机应用，驾驶者还可以在汽车停驶状态下玩游戏、看电影甚至是上网浏览。双画面显示屏（dual-view display）也将被植入车载系统来满足乘客的娱乐需求。地理标记和地理制图（geo tagging and mapping）功能可以追踪好友的行踪，导航系统会将驾驶者引领到各自的地点。乘客座位窗户可以当作个人互动媒体区域，并显示出车主感兴趣的个性化内容。

智能手机将控制车内的报警传感器、温度、门锁、环境照明、开 / 关点火装置，并会获得汽车诊断的实时更新。驾驶者只需轻轻滑动一下手指，就可以把中央显示器的数据传输到仪表盘上，让数据显示在驾驶者眼前。汽车的动态仪表盘将可以通过提供油门压力信息、准确的驾驶速度、换挡和方向盘角度的信息，指引驾驶者获取最佳的省油模式。根据周围环境的信息、驾驶模式以及脸部 / 姿势检测与传感，这一项系统可以监测和记录驾驶者的健康情况。举个例子来说，汽车可以感知空气中的花粉含量增多，从而自动关起车窗，避免驾驶者产生过敏征状。

随着人工智能、机电一体化、导航和卫星系统等在汽车内部得以交汇，到2020 年自动驾驶技术将会变得更加成熟。因此到那时，如果你的座驾也可以有蝙蝠车（Batmobile）那样的功能——无人驾驶，可不要太吃惊。

以上提到的所有功能都可以在汽车内变为现实。对于汽车企业来说，真正的挑战在于如何利用这些应用和装置赚钱。除了汽车领域，未来的整个交通领域中也会充斥着各种交汇。世界上的主要城市将会使用极具优势的综合交通模式，这种模式不仅可以提供实时的信息、移动售票和免触支付等功能，还将实现更大层面上的交通基础设施集成，如与卫星系统、安全系统、信号系统、移动科技平台、银行服务、预定服务和交通拥堵模式平台等结合，并且与电信运营商、银行以及交通管理局合作，创造新型的商业模式。

能源领域、制造业的交汇以及生物识别的发展

能源领域将会出现一些有意思的交汇。随着能源领域与建筑材料、IT 产品甚至是航天工业产生交汇，可持续性和可再生能源势必将成为能源领域的主要议题。智能电网将是"电力的互联网"，把能源领域和 IT 领域进一步结合。智能电网的出现意味着高效的楼宇系统、互联网、智能设备的终端客户、可再生资源（如太阳能电池）、插入式混合车、分布式发电和储存、先进的电表基础设施、动态控制、家庭自动化网络、数据管理、公共设施通信和楼宇能源管理系统之间产生的相互交汇，并因此使能源领域和基础设施领域、汽车工业、自动化工业和 IT 行业相结合。

该领域里另一项完全基于先进科技的交汇是太空与能源，或者按照流行的业内术语来说，叫做空间太阳能（Space-Based Solar Power，SBSP），即捕捉收集大气太阳能来供地球使用。关于这一研究的第一颗实验卫星要到 2030 年才会发射，空间太阳能技术将会成为解决地球能源需求的一种替代方式，而这一切要感谢各个机构如日本太空发展署（Japan Aerospace Exploration Agency）和美国国家宇航局所作的贡献。

下一个十年里在制造业中发生的一个重要交汇就是制造业与 IT 业的交汇。随着大多数流水线将变成全自动化，2020 年的工厂车间将会出现革命性的飞跃。今天，本田、ABB、三菱公司不仅已在他们的工厂采用了机器人技术，还创建了一些现代制造业领域里的新模式。今天的制造业已不再是劳动密集型了，而是变得智能化、超高速、零缺陷。工厂的智能化和机器设备的发展将大大提高生产力，然而不幸的是，同时也会减少未来制造业的工作岗位。

生物识别是另一个会产生大量有趣的综合解决方案的领域。除了可以用于识别进入大楼人员的身份，生物识别技术在其他方面的应用也正在研发当中。根据弗若斯特沙利文公司的分析预测，目前民用生物识别市场的行业产值为 14.2 亿美

元,到2016年这一数字会达到46.6亿美元。人脸识别技术当前主要是出于安保目的,被用在一些公共场所,如银行、公共集会场所和赌场。随着3D人脸识别技术的发展和人们对电子文档以外的其他应用(如公众监督)的兴趣,将会吸引新的投资。

未来的生物识别将不再是以往我们认为的仅仅是指纹和人脸识别技术。未来的生物识别将会包括对行为和身体特征的识别,如电子物理信号(electrol-physical signals)、敲打键盘的速度甚至是敲打键盘的方式。能够做到非侵入式的识别并且不需要给使用者下达任何命令将会是这一技术革命性的突破。比如说,语音识别需要使用者说话。然而在未来,生物识别将会变得具有前瞻性而不是后置性。使用者将不再需要下任何命令,而是通过如读心术和热跟踪来完成命令下达。

未来,有了生物识别技术,我们将不再需要检查我们是不是带着车钥匙或房门钥匙,也不需要每次出门都要时时刻刻看紧自己的钱包——我们的眼睛和手指就足够用了。

互联与交汇对个人生活的启示

数字公民:身份3.0

互联对我们的个人生活也有很多启示。交汇而产生的产品和装置不仅影响了我们的生活方式选择,也改变了我们的生活节奏。"普适计算"(ubiquitous computing)不知不觉地给予了我们每一个人数字公民的身份——身份3.0。这一数字身份同时也给我们带来了个人主义、知识共享、每日社交以及随时获取所有这些数字公民特权的能力。除此之外,随着位置规划和情绪识别技术的嵌入,不知不觉还导致了一个新的社会阶层分级的出现——数字连接的公民和未连接的公民。

近几年来,数字公民的另一项好处体现在全球范围内政府电子治理(e-governance)方案的部署上。电子治理包括大量电子项目(e-programs),功能大致分为三种:政府对政府(Government to Government, G2G),政府对公民(Government to Citizens, G2C),政府对企业(Government to Businesses, G2B)。政府对政府是出于行政目的的服务;政府对公民是一个能够提供公共服务的平台;政府对企业是一个可以与商家和企业实体打交道的工具。电子治理方案方面的一个有意思的例子是印度政府对在线工具的采用，从而优化了班加罗尔的城市公共交通系统的使用。通过使用在线工具，班加罗尔政府能够记录实时的车流密度，并可以很容易地追捕到违规者，从而提高他们的收入监控和车票领取的工作效率。

数字身份将不再局限于公民。在未来，每一个产品将会有一个唯一的 ID，互联的设备可以通过此 ID 来进行查询和识别，并将它们的使用信息和各种内容告知使用者。谷歌图像搜索目前就可以做到这一点。它是一项有开拓意义的应用，能够根据用户对周围事物（比如一个产品）拍摄的照片，运用图像识别技术来产生相应的搜索结果。

数字化我的生活和花园

过去，到干洗店取衣服或到商店买东西等诸多日常琐事对很多人来说会是一件无聊的事。今天，多亏了互联技术，才使得我们日常生活中的每一项活动都有可能变成一项社会活动。甚至连枯燥的日常活动如购物也可以成为一种协作化、网络化的活动，且融入了基于位置的广告和增强现实技术，而这项活动本身也会成为一种社交形式，被记录在社交媒体平台。除此之外，Y 一代对环境互联和及时获得满足感有很大的需求，当然还有个性化的解决方案，而这些导致了视频点播、视频直播和个性化的手机应用的大力发展。"现在连接我"，"现在我要娱乐"以及"每一项服务需要被社会化"已经成了现实。

多科莫公司（Docomo）是日本的一家知名移动通信运营商，最近发行了一种叫作"花园传感器"的产品。这种产品能够将一个人每天的活动（如园艺）数字化。在个人家庭的花园里插入一根棍子，用来记录土壤的湿度和阳光水平。所获取的数据会通过云技术传输到多科莫公司，之后多科莫公司的咨询师会通过电话、短信或电子邮件，向用户提供有关植物种植的专业性意见。通过这种非常简单、运用了传感器、云技术和移动电话科技的商业模式，从而增加了多科莫公司与客户之间的接触点。

社交集会、聚会和社交活动，尤其是协作化、网络化的活动将成为未来的风尚潮流。这些活动需要很强的同步化，而这可以通过环境互联实现。快闪族目前正席卷全球，他们的活动就是靠电子邮件、网络互联和社交媒体上的大规模传播来实现的。

福克斯电视台的节目《Mobbed》就是一档和快闪行动有关的真人秀节目，目前在美国极受欢迎。节目中的现场集体音乐场景就是通过隐藏摄像头和其他装置的互联来实现的一个高度同步的活动，让某些人人生中特殊的时刻在电视上得以转播。其他一些受欢迎的协作性活动是网络跑步活动，如耐克公司举行的 Nike+ 活动。

增强现实技术的方兴未艾

因交汇和互联而产生的装置和设备将促进新型科技的出现，其中的某些科技将会对我们个人的生活产生重大影响。我在本章前部分已经提到了交汇产生的装置将会对未来的科技产生很大影响，比如触感技术和触屏节目的交汇。正如在第5章"影响未来的社会趋势"所介绍的那样，地理社交会成为社交网络接下来发展的趋势。一些在今天的游戏行业中是很常见的理念，如增强显示和虚拟世界，将很快会应用于我们生活中的其他方面。基于位置的内容获取将进一步被增强现实等技术加强，我们现在使用的手机和电脑的某些应用将很快成为历史。

想象一下所有事物都可以互动的世界吧。到 2020 年，如果你在纽约曼哈顿的第五大道漫步，就会体验到数字数据增强了你当时的周围环境。你所需要的只是一个带有摄像头的电脑屏幕或手机屏幕，或者是一个仿生镜片。这个屏幕可以将各种信息，如餐馆的评论、用户档案、你购物时所看到的产品信息，甚至是真实的房地产信息（周围你所要看的房子的信息）叠加到现实的场景中。

增强现实技术是一种在虚拟现实的基础上发展起来的新技术，它能够将真实的场景和数字资料相混合。它被定义为通过增强使用者与当地环境产生互动的数字资料如文字、声音、图像、视频和导航系统，来获得实时环境增强的感官体验。增强现实技术的出现扩展了商业和移动交通的选择、社交互动和社交经历，而这对我们的个人生活、商业以及日常活动都将有着非凡的意义。全球第一款增强现实感的手机浏览器 LAYAR 的出现，就带来了多元化的选择和想法，对我们的个人生活、商业以及日常活动产生了很大的影响。

2011 年 10 月 27 日到 29 日，英国的一家零售百货商店德本汉姆（Debenhams）采取了一个独特的营销策略，让不少购物者切实体验了一把增强现实技术，并对之大为赞赏。德本汉姆百货商店在全英国的著名文化景点（如特拉法加广场）推出了 Pop-Up 虚拟商店。潜在的顾客会被邀请来参观这些景点，然后用他们的 iPhone 或 iPad 来看虚拟呈现在国家美术馆后面的增强现实显示屏上的晚礼服，然后用户可以看到自己穿上这件衣服的样子并拍照，如果喜欢的话就直接订购，甚至可以把图片上传到 Facebook 或 Twitter 上，马上得到一些朋友的评价和反馈。图 8—3 展示了一些日常活动是如何通过使用增强现实技术来被"增强"的。

社交网络	餐厅评价	购物
观看体育比赛	房产信息	驾驶

图 8—3　增强现实技术影响不同的个人体验

图片来源：Dreamstime，Wikitude，Buuuk，Tagwhat，The London Group

资料来源：弗若斯特沙利文

虚拟世界：欢迎来到你的第二人生

增强现实技术发展的终极将会是虚拟世界的产生。虚拟世界这一概念早已在电脑游戏中十分普遍。这些可互动的 3D 环境能让我们在未来拥有第二人生。增强现实和虚拟世界最大的不同在于，虚拟世界将不会和你真实的实时环境有任何联系，而是在任何时间都能将你虚拟地带到任何地点，消除人、群体和行业应用之间的距离。这可能意味着，未来学生们可以在世界不同国家来一次 3D 野外实地考察，或是能在世界上任何一个教室中进入虚拟的海底世界。人们可以虚拟地出席商务会议，甚至社交网络也很快会变为"3D 化身"。未来还会出现虚拟手术，而购物也将会变成完全代入式的体验。虚拟技术的另一个进化式飞跃将出现在军事训练的应用中。头盔内嵌显示器（Head-Mounted Displays，HMDs）将可以以3D 的形式模拟各种真实的战地地形，让军事训练如同身临其境一般。这不仅让训练变得更加安全，更容易掌控，而且比在真实的野外场地训练要节省不少花费。

图 8—4 显示了未来虚拟世界将如何改变我们的互动和体验，从而影响我们的个人移动出行。

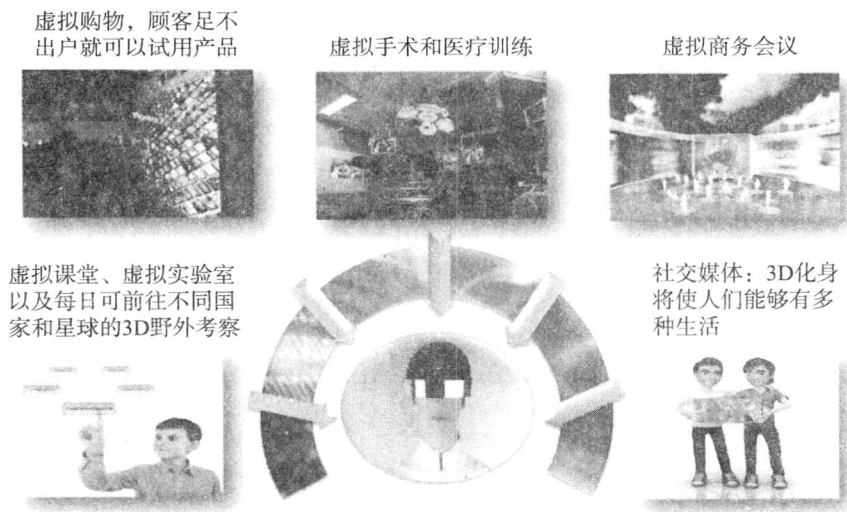

图 8—4　2020 年的虚拟世界

图片来源：Dreamstime

资料来源：弗若斯特沙利文

互联创造一个"无国界的世界"

互联给予了人类前所未有的能力，让我们能够在未来轻而易举地创造机遇、使用各种设备并享受各种体验。而这一切的意义在于，互联赋予了我们每日生活数字层面的内涵，它能够节省时间，为个人和商业提供更多的选择，引进大量的有创意且多样的应用和选择，同时让人们能够在每一天每一分钟进行交流。互联一直被认为是理所应当发生的趋势，在未来也如此。每一个消费者都在寻找下一个"杀手级应用"（指极其受人欢迎的应用），每一家企业都希望发行一款应用，能够在价值链上创造更多机遇。这一互联的网络不仅将改变我们的商业世界，也彻底改变了我们个人生活中移动和互动的方式——创造一个看不见的网络，很有可能在未来真正实现"无国界的世界"。

被誉为"普适计算之父"的马克·维瑟（Mark Weiser）曾经说道："最深刻的科技是那些最终消失的科技，它们融入了我们每日的生活而最终消失不见。"

未来有一天，"未连接"将会是一种需要购买的奢侈。

09

高铁时代的到来

如果十年前我告诉我的姑妈，在火车下面放一个巨大的磁铁，火车就可以悬浮在空中行驶的话，估计她会有两种反应：一是我丧失了理智，在疯言疯语；二是我从一开始就根本没有过理智。如今，正是我的这位姑妈一直在向我感叹，去年在中国的磁悬浮火车之旅是多么美妙，多么不可思议。目前，磁悬浮火车是世界上最快的火车，有记录的最高行驶速度可达每小时581千米，是在日本的一次试运转期间创下的记录，比第二名的（传统的法国高速列车TGV的）记录快了6千米。高速火车的最高时速仅比商用飞机的平均时速慢25%，因此高速铁路在中短途旅程中所用的总体旅行时间和飞机几乎不相上下。磁悬浮列车和飞机一样也能飞起来。

"火车一直都存在啊！为什么高铁会成为一个大趋势？"你可能会有这样的疑问。的确，铁路交通已经存在了近200年，但如果我们从宏观的层面来看的话，也就是说拿最近10年和工业化以来的200年相比，火车其实是在最近才取得了飞跃式的大发展。历史上，有两件重大事件的发展对第三件重大事件产生了重大的影响，而这些事件的发生又会迫使人们进行思考，对历史作出反思。

第一件重大事件就是汽车。汽车的出现随即产生了巨大的成功，因为它能够提供私人空间、带来自由和舒适感。在首次投入生产之后的20年内，汽车成了占统治地位的交通模式。

　　第二件重大事件的发展便是航空领域里出现了新的商业模式，即廉价航空公司。为了和廉价航空公司提供的价格相竞争，那些提供全方位服务的航空公司也开始纷纷降低机票价格、减少服务、降低利润率。过去的 15 年里见证了航空领域里的巨大发展和创新。飞机的乘客数量从 1985 年的 9 亿人次增长到了上一个十年的 24 亿人次，而出现这一增长的主要原因是廉价航空开始提供比平均价格低 30% 的机票。纸质机票正在快速消失，登机手续如今通常都是在网上或通过智能手机来办理，或者在机场办理自助登记。飞行期间丰富的娱乐活动代替了单一的视频点播，在 1 万米的高空也已经实现了网络连接。目前全球共有超过 1.6 万家航空公司。航空公司的规模和所承担的法律责任越来越大，但在盈利方面和承担责任方面却没有实现同步的增长。由于航空公司的数量过多，来自公共部门的压力过大，还有不断上涨的成本和经济上的亏损，使得当今一些世界知名的航空公司面临着倒闭的危险。

　　第三件重大事件即将发生在未来，也是一个超大交通趋势——高速铁路。在未来，高速铁路将不仅连接城市、省或国家，甚至还将连接几大洲。再过 15 到 20 年，人们就可以坐上从伦敦直接开往北京的高铁，甚至还可以利用全球铁路网络，沿途绕道中东海湾国家进行旅游。在接下来的十年中，我预测全球将会大力发展高速铁路，而随之带来的将是大量的白色空间①机遇。世界上所有的地区，包括中东和美国的落后地区，都会在下一个十年中开始发展高铁。

世界各地遇见杰森一家

　　还记得动画片《杰森一家》（ the Jetsons ）吗？动画片中的男主人公乔治·杰特森（George Jetson）经常乘坐管道去上班。在不远的将来，很可能在英国伯明翰生活的一家人可以乘坐高铁到欧洲大陆，甚至是东欧和中欧去度假。2012 年，中国已开通运营的高速铁路长达 6 980 千米，而 2000 年的时候，中国的高铁千

---

① 白色空间指一个企业组织图中不同部门之间的空白区域，或不同功能之间无人管辖的地带。通常一个企业的白色空间是最有潜力提高效益的地方，管理白色空间是企业提高过程绩效的有效手段。——译者注

米数还是 0。到 2020 年，中国政府计划修建 25 000 千米的高铁铁轨，这些高铁将连接所有主要城市，其中的一些线路是客运专用线，另一些线路则可以用于货运，即高铁物流。中国人的高铁计划预计要花费 3 000 亿美元。和我一起经常打板球的一个英国朋友最近从中国北京出发去了中国的东北拜访他在那里的亲家。他对那次拜访亲家的经历没有过多描述，却把中国的东北和英国的谢菲尔德进行了比较（可能是因为两个地方都是钢铁工业的基地），并对中国的高铁评价道："原本需要坐 9 个小时的夜车才能到达，现在只需要 3 个多小时的时间。我已经成为中国高铁的粉丝了！"

希望在未来的欧洲也能有我这位朋友的高铁体验。事实上，欧洲已经开始广泛建造高铁网络。一个有趣的现象是，在欧洲，走在高铁发展前列的并不是像德国和法国这些富裕国家，而是那些债务缠身的南欧国家，比如西班牙。西班牙预计到 2015 年会建成 2 827 千米的新高铁，到 2018 年，很有可能再增加 1 000 千米。不仅如此，西班牙还成功地向世界其他地方出口了它的高铁技术。沙特阿拉伯正在计划修建连接麦加和麦地那、总长 450 千米的高速铁路，最终赢得第二期建设竞标的是一家由沙特和西班牙企业组成的联合企业。毫无疑问，高铁将带来广泛的社会经济效益，而对那些运行高铁的国家以及能够提供相关技术的国家来说，高铁也是一个重要的创收来源。

英国人虽然是现代铁路的发明者，但他们现在才刚刚开始追赶其他国家建设高铁的步伐。英国交通部最近批准了第一期高铁计划，连接伦敦和伯明翰，预计花费 274 亿美元。该项目的第二期工程将把线路分为两个部分，成 "Y" 字形，分别通往曼彻斯特和利兹。该高铁全长 335 千米，总预算为 473 亿美元。

法国是欧洲高铁的先驱，他们对高铁的建造将持续到 2020 年。德国也在计划建造 670 千米的新铁路线，预计在 2025 年投入使用。欧洲大陆最令人期待的高铁计划之一是里昂至都灵的高铁线路，该线路将连接法国高铁和意大利高铁两大网络（已在 2013 年开始施工，项目总耗资 29.5 亿美元）。

令人惊讶的是，世界上最有影响力的国家——美国，作为一个在淘金热时期在加利福尼亚产生出许多靠铁路发家的亿万富翁的国家，在高铁方面居然落后于世界其他地区。美国所定义的高铁速度（时速 120 千米）在中国简直就是牛拉车的速度。全世界最富有的国家居然只有一条真正意义上的高速铁路——连接波士顿和华盛顿的阿西乐特快（Acela Express），这确实让人难以置信。美国的共和党一直强烈反对建设高铁。2009 年，奥巴马政府刚上任不久，联邦铁路管理局推出了发展 10 条高铁线路的计划。然而，佛罗里达州的州长瑞克·斯科特（Rick Scott）公开拒绝为佛罗里达州的高铁计划拨款，这样一来所有的希望就只能寄托在加州的高铁计划上了。加州的高铁线路将连接州内的主要城市：圣何塞、夫勒斯诺市、贝克菲尔德、帕姆代尔市、阿纳海姆、尔湾市、河滨市、旧金山、洛杉矶、萨克拉门托和圣地亚哥。该铁路网络预计分两期完成，第一期线路是旧金山至阿纳海姆段，很快就要开始投入建设，预计总耗资 650 亿美元（若考虑到通货膨胀因素的话则为 980 亿）。这将会是美国有史以来最大的基础建设项目，不免让人们想起当年曾在加州出现的淘金热。

美国的邻国墨西哥在发展高铁方面比美国野心更大，他们的高铁计划旨在连接墨西哥城和瓜达拉哈拉，火车时速预计能达到每小时 300 千米。这一距离若走公路的话要 7 小时，而高铁的行程时间只需 2 小时。墨西哥的高铁计划耗资达 250 亿美元，若在 2015 年正式投入运营，将会成为西半球首个真正意义上的高速铁路。阿根廷本应在 2008 年开始他们的高铁建设工程，但由于财政问题，目前不得不暂时停工。巴西的高铁项目已在 2012 年 3 月完成计划讨论。首次竞标则在 2011 年，但由于政府要求外国竞标者既要提供技术并且必须与本国企业合作完成等原因，最终未能有结果。第一期高铁计划为连接里约热内卢和圣保罗的全长 518 千米的铁路，预计耗资 185 亿美元。到 2016 年，该铁路预期每年的运输能力为 3 300 万旅客。我去过巴西，我觉得那里确实需要增加建设公共交通的投入，特别是出于对即将到来的 2016 年奥运会的考虑。

2020 年西伯利亚铁路

今天一个人若想乘火车从伦敦到北京（途经莫斯科）实际上是可以实现的。但选择此方式的人一定要对火车旅行抱有极大的热情和信心，并且要做好心理准备，迎接车上那些麻烦的小孩子们。从伦敦到莫斯科大概需要两天时间，从莫斯科到北京可能需要 5 到 7 天不等，这取决于你选择哪条路线前往北京。

西伯利亚铁路建于 120 多年以前，是世界上最长的铁路，连接莫斯科和俄罗斯远东地区，一直延伸到日本海。西伯利亚铁路是一个双线铁轨的电气铁路，全长约 10 000 千米，理论上说每年可以运载 1 亿吨的货物。西伯利亚铁路设有经蒙古和到达中国东北的支线，甚至还可以一直延伸至朝鲜。在不久的将来，西伯利亚铁路线将连接欧亚大陆，即从英国到中国，一直到韩国和日本。这将对欧亚地区的物流和运输业、俄罗斯的工业化和城市化发展，以及沿线地区的旅游产生重大的影响。

莫斯科—符拉迪沃斯托克铁路是一条横贯欧亚的重要货运动脉线，提供集装箱运输业务，平均的货运时间（从符拉迪沃斯托克到莫斯科）需要 10 天，而海运则需要 28 天。目前，若通过海运从欧洲向中国运输集装箱，需要花 35 到 40 天的时间，这还是在不被索马里海盗劫持的前提下预估的时间。在未来，随着连接欧盟、俄罗斯、中国、中东、印度次大陆和韩国的铁路网络的发展，从中国出发的集装箱只需原来一半的时间，即 15 至 20 天就可以到达欧洲。欧洲经济委员会（UNECE）、联合国亚太经济与社会委员会（UNESCAP）以及铁路合作组织（OSJD/OSZD）目前已经把西伯利亚铁路的发展作为连接欧亚的首要通道，列入其优先发展计划内。

西伯利亚铁路的发展计划将会使欧洲和亚太地区成为最为重要的交通运输走廊，预计将有 3.3 亿美元的投资用于这条线路沿线基础设施的升级改造，从而打造一个多种运输模式联运的现代化交通网络。而各种强劲的物流配送和仓库网络也会随之蓬勃发展起来。

目前，俄罗斯已经拥有了 3 条可以运营的高铁线路。萨普桑号（Sapsan）高速列车自打运营以来一直十分成功，搭载率高达 84%，每年创收超过 2.7 亿美元，利润预计超过 8 000 万美元。俄罗斯正在优先扩建高速铁路，到 2030 年铁路网络总长度预计会是原来的 17 倍，增加到 10 000 千米。

与西伯利亚铁路相似的西伯利亚公路建设已经于 2010 年竣工，新建的 2 000

千米的公路被融入进了连接俄罗斯西部和东部的公路网络。然而，由于以下几个原因，西伯利亚公路却没有被用作中转路径：首先，铁路运输仍然比公路运输要方便，且对长途运输来说成本更低（如中国—俄罗斯西部）；其次，俄罗斯的公路基础设施还十分简陋（2 000 千米的公路大约有 500 千米的路段是 40 多年前建成的）。俄罗斯政府未来的计划是着重于通过不断的重建来改善该公路的路况，如果这一计划能够成功实现的话，我们将会看到载重 60 吨的超大型卡车定期往返于中国和西伯利亚。这将为欧洲的卡车制造商们带来商机，他们可以开始推出 25 米长载重 60 吨的超大型卡车。

西伯利亚铁路和公路给我们带来的启示主要体现在俄罗斯的城市化和工业化方面。历史的经验告诉我们，一个城市如果能够提供完善的货物运输模式，就能带动其沿线地区甚至沿海地区快速发展起来。同样，我们会看到，西伯利亚铁路和公路沿线的城市会迅速地实现现代化。像 NovonikolaeVSk 这样的地方在西伯利亚铁路发展之前只是一个小村庄，现在已经发展成了目前俄罗斯的第三大城市——新西伯利亚（Novosibirsk），成了俄罗斯一个繁荣的经济中心。而另一些城市像托木斯克（Tomsk），在西伯利亚铁路的修建之前已是一个较大的城市，然而由于西伯利亚铁路并没有经过托木斯克，如今托木斯克的发展明显落后了。西伯利亚铁路和公路的发展会为贸易和旅游业创造巨大的机会，使之成为第二个"66 号公路"[①]。我迫不及待地想来一次铁路或公路之旅，途中取道丝绸之路，并渴望在沿途下车，看一看新西伯利亚城、叶卡捷琳堡、克拉斯诺雅茨克、伊尔库茨克、哈巴罗夫斯克的美丽风光。

世界高铁的主宰者

最初，高速铁路是用来连接一个国家内的各个城市，而如今，高铁逐渐变成了国家与国家间重要的交通工具。法国的大力士高速列车（Thalys）就是一家国际高速铁路运营商，途经巴黎、布鲁塞尔、埃森、科隆和阿姆斯特丹，其中所有

---

① 66 号公路（Route`66），被美国人亲切地唤作"母亲之路"，从芝加哥一路横贯到加州圣塔蒙尼卡。——译者注

的 26 型号的火车都是由法国阿尔斯通公司（Alstom）制造的。连接伦敦和巴黎的欧洲之星（Eurostar）列车现在已经成为深受欢迎的交通工具。

然而，高铁技术在应用到连接国家与国家的跨国线路时，并不能获得成功，尤其是遇到陈旧的基础设施的时候。由于不同的信号系统、不同的电气系统以及不同的铁路标准（如火车轨道的宽度），欧洲各国之间的铁路运营不能很好地协调配合。仅在欧洲就有 19 个不同的信号系统，这是影响欧洲国家之间高铁实现相互连通的主要障碍，也是为什么欧盟所有新建的高速铁路线都必须使用欧洲列车运行控制系统（ETCS）的原因。欧洲列车运行控制系统已经成为世界上新信号系统的标准。

但和中国对于高铁的规划比起来，欧洲人所取得的成就和尚未实现的计划就显得微不足道了。中国已经制订了计划扩建他们的高铁网络来连接伦敦，除此之外，还要扩建另一条线路通往新加坡，途经老挝、越南和马来西亚。兰州—乌鲁木齐线高速铁路（全长 1 776 千米）的建设将会对连接西欧的铁路建设起到指导性的作用。中国目前正在与 17 个国家进行洽谈，希望能够把铁路网修到这些国家，从而实现与这些国家在资源上的互利互惠。这些项目一旦完工，这一铁路网络将成为欧亚之间的物流运输的主宰。

把沙子卖给阿拉伯人

世界上汽油价格最便宜的排名前十位的国家中有 5 个来自中东：沙特阿拉伯、巴林、科威特、卡塔尔和阿曼。在阿曼，1 公升的汽油价格为 0.35 美元，所以那儿的人可以每天开着 6.1 公升、V8 型号的大切诺基到当地的杂货店买菜，而杂货店里一听可乐的价格要比一公升石油价格还贵。

由于低廉的汽油价格以及贸易合约规定的关于汽车的配额等因素，石油资源丰富的中东国家忽视了建设铁路的重要性，这是可以理解的。过去那里曾经有过一条极为重要的铁路——汉志铁路（Hejaz Railway），这条铁路把朝圣者从叙利亚的大马士革运送到沙特阿拉伯的圣城麦地那，但自从该铁路被毁于第一次世界大战后，就再也没有被修复过。20 世纪下半叶，中东的几个国家扩展了他们的铁路网络，但遗憾的是，海湾合作委员会（Gulf Cooperation Council，GCC）中没有一个国家把铁路运输看作是极为重要的交通模式，不管是货运还是客运。然而，这一切也在发生变化，海湾合作委员会目前正在制订几个总耗资超过1 000 亿美元的铁路计划。

沙特阿拉伯有两条供客运和货运的铁路线，连接首都利雅得和波斯湾沿岸的海港城市达曼。沙特阿拉伯的哈拉曼高速铁路计划将会成为中东地区的首个高速铁路网络。它将连接圣城麦加和麦地那，每年预计可运送 1 000 万名朝圣者。这条铁路线全程达 450 千米，运行时速可以达到每小时 320 千米。这条铁路的建设是由沙特和西班牙企业组成的联合公司承担，泰尔戈（Talgo）火车公司提供了35 辆火车，而西班牙国家铁路公司 Renfe 和 ADIF^① 将运行该线路 12 年。

海湾合作委员会的成员国现在越来越意识到铁路的重要性。阿联酋的阿提哈德铁路项目的目标是连接国内的主要城市，整个铁路网共长 1 200 千米。该项目第一期工程为 270 千米，是一条从鲁韦斯（Ruweis）到沙赫气田（Shah gas field）的货运线路，现已投入运营。该项目价值 12.8 亿美元的信号系统和通信合同最终由意大利的安萨尔多公司（Ansaldo STS）获得；美国铁路机车制造厂商易安迪（Electro–Motive Diesel，EMD）将提供 7 个火车头；中国南车集团将提供用来运输粒状硫的 240 节车厢。目前正在规划中的另一个高速铁路是连接迪拜和阿布扎比的铁路。迪拜城市地区的 4 条铁路线中，有两条目前已经投入运营，另外两条还在建设当中。阿布扎比正在计划建设一个总长为 340 千米的有轨电车网络来为整个城市服务。

在海湾半岛上最有野心的铁路计划是被称作"海合会铁路网"的计划，它是一条区域性的铁路网络，用于连接海湾合作委员会的每一个成员国。预计在2017 年建成时，这个铁路网络将改变这一地区的交通和物流状况。除了能够让海合会成员之间的联系更加紧密之外，该线路还将大大提高运输效率。然而，为了使这些国家的铁路网络整合到一起，这 6 个成员国必须要有自己的国家铁路网

---

① 西班牙国有铁路重组为两个独立的组织，Renfe 负责客货运输以及列车维护，ADIF 负责包括轨道和车站的基础设施以及相应的管理。——译者注

络。受这一计划的驱动，每个海合会国家的政府都推出了各种长期的城市轨道建设规划。沙特阿拉伯、阿联酋、阿曼和卡塔尔已经推出了铁路项目，这无疑将拉近这些国家之间的距离。

高铁所带来的启示

高速铁路是一项尖端技术，它那广阔的生态系统和大量的基础设施建设需求无疑为每一个发展高铁的国家提供了多元化的经济增长机会。

而最新一代的高铁牵引马达是从风力发电技术发展而来的，它可以让火车刹车的时候发电。而 LED 照明降低了生产成本以及寿命周期成本，满足了冷却要求，并减少了碳足迹。通过计算流体动力学的应用，已经把列车原本笨重的通风底盘的空调系统改造成了一个圆滑的剖面，并安装了鼓风机允许动态的空气流通。信息技术也已经融入了铁路系统的每一个领域，从售票检票、乘客信息、列车调度、维修管理到系统监控都实现了计算机系统的全程控制。

铁路网络的发展涉及众多不同的行业。钢铁、铜、水泥的消耗是这个行业增长的关键指标。铜通常被用于制造接触网，从而给铁路车辆提供电力。世界各地的高速铁路运营商都倾向于使用铜镁合金来建造高速铁路接触网。大约每一千米的双轨接触网需要 10 吨的铜。尽管亚洲国家更喜欢使用铝来制造接触网线，但目前对优质接触网合金的需求仍然很大，例如银铜合金和铜镁合金。铁路交通越来越拥堵，这迫使铁路网络管理必须使用功效更好的铜合金如银铜合金，从而减少危险和寿命周期成本，提升网络运营水平。英国的小偷们似乎非常钟爱铁路上的铜线，这几年比起抢银行，偷铜线更受他们青睐，他们甚至把偷来的铜来做成牙线。2010 年，英国东北地区的偷铜线的小偷已达到 1 184 人。

中国是世界上钢铁生产大国，2011 年生产了 6.833 亿吨的钢铁（占世界总生产量的 45.8%）。中国铁路基础设施的建设对铜、铁的需求预计每年会增加 800 万吨。全长 1 318 千米的北京—上海高铁据估计消耗了 30 万吨钢铁，共有 130 000 名工程师和工人参与了建设。截至 2011 年，中国境内共有 17 166 千米的高铁投入运营，还有 8 838 千米的铁路仍在建设中，16 318 千米的铁路正在

196

计划当中。弗若斯特沙利文公司铁路方面的分析师估计，全世界范围内正在建设的高铁项目需要 210 万吨钢铁和 9 万吨铜。这一需求足以让世界最大的钢铁公司如安赛乐米塔尔集团（AcelorMittal）认真考虑应该着重发展铁路部门的业务。安赛乐米塔尔集团称，为了迎合这一市场的需求，他们可以提供单根长达 90 米的钢筋，从而比他们的对手更有竞争优势。英国的交通部长贾斯汀·格雷宁（Justin Greening）宣布了政府投入 500 亿美元的高速铁路计划，这对科鲁斯钢铁公司（Corus Steel）（现在称为塔塔钢铁①）来说，是个好消息。这会让塔塔钢铁斯肯索普钢铁厂（Scunthorpe Steel Plant）的钢铁制造业维持下去。2011 年，塔塔钢铁还赢得了一个大额合同，为法国高铁网络的建设提供钢铁。

铁路基础设施的建设将驱动价值链上各个部分的需求。一些公司如杰西博（JCB）、小松集团（Komatsu）、卡特彼勒（Caterpillar）和沃尔沃都发现，公司在非公路用车、推土设备和施工设备方面的订单在不断增加。施工工具、备件和服务提供商们也会看到铁路领域的业务增长。机会如此巨大，这些设备制造商们已经开始寻找并购和收购的目标了。卡特彼勒是世界上最大的工程机械生产厂家之一，已经在铁路市场中投入了 20 亿美元用于收购。最近，卡特彼勒出价 8.2 亿美元，收购了铁路机车制造商电动柴油公司易安迪。这一举措的主要目的是为了在铁路业务上走向全球，并且他们已经进入了一些有利可图的市场，如巴西。卡特彼勒的收购有效地遏制了其他工程机械制造商进入铁路市场的兴趣。

未来高速铁路的发展需要大量资金，比如建立新的内陆集装箱中转站、仓库以及综合货运交通运输枢纽，从而实现集装箱的火车和汽车联运。货运交通运力的增加将推动机车市场的增长。然而，电气化的发展并不会使柴油机车被淘汰。预计在 2010 年至 2020 年，德国、法国、意大利、西班牙和英国将会有 10 682 辆柴油机车的需求量。功率在 560 千瓦至 2 000 千瓦之间的柴油机预计会增长 54%。而对于每千米超过 2 000 千瓦的柴油动力机车的需求会更大。福斯罗集团（Vossloh）生产的 G2000 机车非常成功，成为六十年来首次出现在法国的功率超

---

① 塔塔钢铁公司 2007 年以 120 亿美元并购英国与荷兰合资的科鲁斯钢铁公司，创印度企业史上最大的并购纪录。——译者注

过 2 000 千瓦的机车。

IT 科技是 21 世纪铁路网络的重要组成部分。IT 可以提供如状态监测、安全安保、监管、数据处理、售票、旅客信息系统等相关的铁路服务。IT 服务通常会外包给其他国家，从而为全球的不同地区创造高技术含量的工作机会。单单是印度铁路的企业资源计划项目的价值就超过了 10 亿美元。

涉及施工安全（标示、头盔等）的企业早已蠢蠢欲动，甚至连提供纺织品和原材料的农民也将因此而受惠。铁路工业还促进了材料或技术进口的贸易，同时也会增加各地区的对话交流和社会互动。这简直是太棒了！

高速物流

在世界范围内，铁路货运的速度要比铁路客运慢，这是由于火车头和铁轨的载重更大造成的。在很多国家，铁路通常以客运为主，货运为辅。传统的想法认为将一条铁路线既用作客运又用作货运会引起晚点和拥堵等问题，而将客运和货运分开不仅可以提高运输效率，而且还能增加收入。对印度这样的国家来说，也许是正确的，因为这些国家的铁路网络的使用率非常高；然而，在很多发达国家，情况并非如此，因为很多时候夜间的高速铁路都处于未使用状态。

高速铁路线的发展给物流运输带来两个非常重要的启示：第一，高速铁路的出现可以使传统铁路线完全成为货运线；第二，在非高峰时段，高速铁路线可以用来运输货物，尽管速度会慢一些，但这可以大大降低运输货物所需要的时间。未来，这种方式将成为运输易腐物品的主要运输方式，比如把荷兰的花卉运往英国。

让我们来看一看 2010 年欧洲铁路货运的商品都有哪些吧。目前来看，通过铁路运输的货物中 97% 属于低价值、高重量的类别。低重量的货物尽管只占铁路运输很少的一部分，但却是铁路收入的主要来源。而现在，低重量货物主要是由航空运输来承担，但日后如果能够证明可行的话，高速铁路将吸引到更多的低重量物品的运输业务。这意味着一些公司如世界上拥有最多货运飞机的物流公司联邦快递将会依此作出调整。

法国国营铁路公司运营的法国邮政（La Poste）火车证明了，低重量高价值的货物同样适用于高速铁路运输。时速 270 千米的火车可以在全欧洲范围内成功地运输单件小于 2 千克的信函和单件小于 20 千克的包裹，这着实让人们对高速铁路物流运输充满期待。有意思的是，欧洲的邮件运输产生的收入占总收入的比例从 2003 年的 58% 下降到了 2010 年的 52%。然而，在这一期间，包裹快递的业务从 18% 增长到了 23%，这显示了电子商务对高速铁路所产生的积极影响。

许多国家的政府并不会发展纯粹的货运铁路专线。在欧洲，除了法国国营铁路公司运营的法国邮政火车和 EuroCarex 公司的宏大项目，其他铁路公司都对运力达 12 000 吨、时速 200 千米的高速铁路货运专线不感兴趣。有趣的是，中国在高速铁路网络的建设上是毫无疑问的先驱者，但中国的高铁似乎也只用于客运。中国采取的办法是，建设专用的高速客运铁路，将传统的旧铁路专用于货运，通过这一办法来实现提高铁路物流运输收入的目标。

然而，我相信这种情况将很快得到改变，因为很多政客和反对高铁的说客都在推动政府认真思考该用纳税人的钱来发展什么业务，并促使政府开放高铁线路用于货运，从而快速收回投资成本。如果法国邮政通过包裹快递增加的收入对人们有什么启示的话，那就是电子商务网站将关注客运高速铁路网的发展，同时思考如何利用高铁把货物更快地运送给顾客。

老对手，新战场

铁路工业正方兴未艾。在 21 世纪的第一个十年中，人们又恢复了对铁路运输的各种形式的兴趣。城市更新老化的电池系统不再风光，取而代之的是现代的轻轨系统和信息地铁网络。全世界很多国家的交通部门都把专项铁路货运作为发展的重中之重。新铁路计划的修建预计会由政府和技术提供者以公共部门与私人企业合作的模式来完成，而铁路修建的资金则会来自政府债券。本土政府的债券会为参与修建铁路的外国企业提供大量资金。

随着竞争的加剧，企业之间会形成有共同利益的联盟。对铁路竞标来说，几个企业一起为某一项铁轨工程竞标已经十分常见。加拿大的庞巴迪公司和法国的阿尔斯通公司联手合作，将从 2013 年起为蒙特利尔市建造 469 辆新型地铁车辆，预计耗资 12 亿美元。预期庞巴迪公司的份额为 7.42 亿美元，而法国的阿尔斯通公司的份额为 4.93 亿美元。

随着对高铁线路的开放，私人运营商会被允许提供服务。意大利的新旅客运输（Nuovo Trasporto Viaggiatori）是欧洲第一个运行时速达到 300 千米的私人铁路运营商。新旅客运输旨在和意大利的国有运营商意大利铁路公司（Trenitalia）竞争。最有趣的是，法国国家铁路公司则持有新旅客运输 20% 的股权。法国国家铁路公司很好地利用了他们在管理和基础设施上的经验，创建了一个强大的私人运营公司——法国凯奥雷斯集团（Keolis），目前在英国、丹麦、瑞典、法国、比利时、德国、荷兰以及大西洋地区的国家（美国和加拿大）都能看到凯奥雷斯集团的身影,他们的年营业额高达 54 亿美元。德国铁路公司是另一家国有运营商，同时也是在除本国市场以外的私人运营商市场中做得十分出色的铁路公司。目前德国铁路在英国和许多欧洲其他国家都有业务。由德国铁路提供的 Alrail 服务能够让旅客在机场的 ICE[①] 高速列车站台办理登记手续，并不需要自己提行李就可以直接登机。

错过了对科技的利用很可能会导致收入的流失。目前，拥有高铁的国家的一些铁轨维护和项目管理公司正在其他国家中积极地进行竞标，单单是咨询项目的营业额就接近几百万美元。工程咨询公司赛思达（Systra）目前就在为墨西哥的高速铁路项目的招标提供咨询服务。而赛思达公司的股东就是法国国家铁路公司和巴黎地铁公司（Paris Metro）。同样，中国也很可能为阿根廷的高铁项目提供资金，并参与高铁的发展和运营。

其他领域的一些企业也正在积极进入铁路领域，以加强他们在铁路行业中的市场份额。卡特彼勒公司最近通过铁道服务公司（Progress Rail）购买了易安迪公司，使得采矿工业中几乎所有重型设备中都有卡特彼勒的身影。卡特彼勒公司目前正在快速地扩展他们在铁路领域中的业务，目的是成为这一市场中的重要供

---

① ICE 是指城际特快列车（InterCityExpress），是德国铁路公司为迈向国际化所注册的英文名字，简称 ICE。——译者注

应商，并通过其迅速扩张的战略，让通用电气铁路部门和其他类似企业受到了威胁。通用电气在巴西的铁路机车市场中占有 67% 的份额，自然对卡特彼勒的野心不无担忧。通用电气很清楚卡特彼勒是一个有力的竞争者，而随着一些日本企业（如小松公司）的加入，通用电气与卡特彼勒的重型设备竞争变得更加激烈。卡特彼勒为易安迪的两款铁路机车提供引擎，标志着他们第一次成功地突袭了铁路市场；接着在 2006 年，卡特彼勒收购了铁道服务公司；2007 年，为了加强他们在铁路设备的再制造和信号系统方面的优势，卡特彼勒又收购了一些企业；2010 年，卡特彼勒收购了铁路行业中的四家公司，其中一个就是他们曾经的客户——易安迪，而现在已经变成了他们的子公司。卡特彼勒的战略显示出了其卓越的规划能力，他们这样做的目的就是为了能够与一些传统企业如西门子、通用电气和庞巴迪展开竞争。

同样，液压传动和叶轮机械方面的专家们也不甘落后。最近，为了满足欧洲铁路物流市场的需求并和福斯罗集团竞争，德国福伊特公司（Voith）推出了两个系列的柴油液动机车头——Gravita 和 Maxima。意大利芬梅卡尼卡集团（Finmeccanica Group）、泰利斯公司（Thales）以及一些在各行业的领军企业正在把他们在 IT 领域、安防领域、遥测技术领域、车载资讯以及集中化智能控制领域中的优势带入到铁路行业中来。军用和民用通信系统供应商 SELEX 通信公司和安萨尔多（Ansaldo）公司联手，在利比亚获得了一项价值 3.28 亿美元的 GSM-R[①]信号系统的合同。在财政紧缩和防御基金减少的年头，铁路行业为安防工业的企业巨头们提供了大量机会。

耗资将近 500 亿美元的伦敦—伯明翰高速铁路项目是英国近一个世纪以来最大的铁路基础设施项目。这一项目预计会创造 9 000 多个工作岗位，而这正是英国经济振兴所需要的。在全世界范围内，大多数此类高铁项目都将会写入吉尼斯世界纪录大全，成为世界上最大的基础设施项目。加利福尼亚州的高铁项目，预计耗资 1 000 亿美元，也将会成为美国有史以来最大的基础设施建设项目。类似的，

---

① GSM-R，全球 GSMforRailways，专用移动通信的一种，专用于铁路的日常运营管理，是非常有效的调度指挥通信工具。GSM-R 系统是专门为铁路通信设计的综合专用数字移动通信系统。——译者注

随着印度耗资 1 000 亿美元的德里—孟买工业走廊项目的实施，印度将投入巨大的资金来建设独立的货运和客运铁路网络。鉴于如此规模的超大投资，有着两百年历史之久的铁路行业的确称得上是 21 世纪的一大趋势。

看来高速铁路的时代真的要来临了。

10

太空拥堵和网络战争

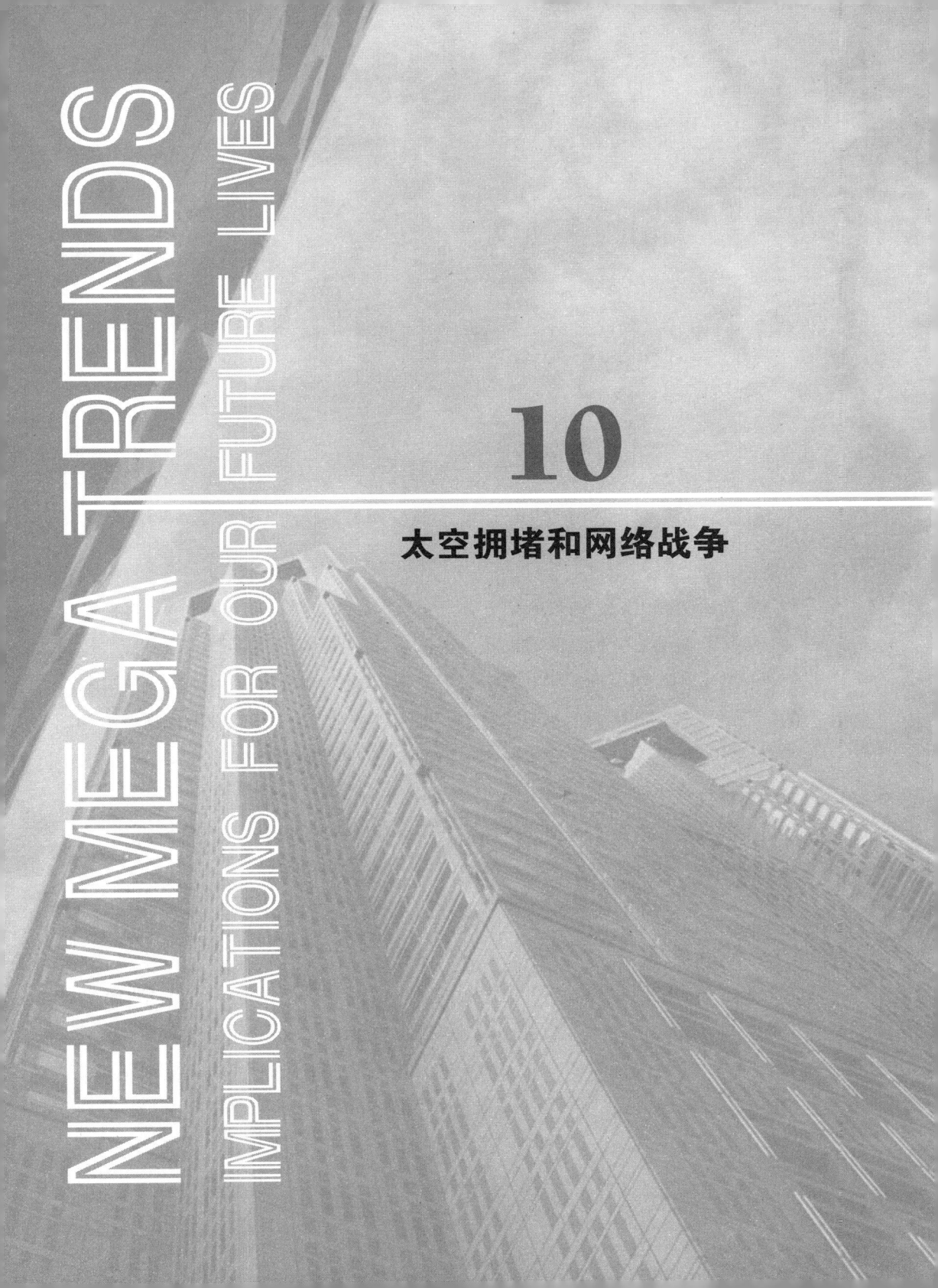

在我分析研究大趋势的过程中，有三个有趣且十分重要的发现：第一，大趋势是一种能够引起改变的重要力量；第二，既然它们属于力的范畴，那么它们当然要受到牛顿运动定律的影响；第三，如果把牛顿定律运用到本章节的话，我的第三个发现则和牛顿第三定律有关，即大趋势也符合第三定律的原则——互相关联，相互影响，彼此之间可以产生协同作用。也就是说，一个大趋势对另一个大趋势可以产生相等的反作用力。

让我们把这一理论应用到太空拥堵和网络战争中吧，这两个大趋势之间有错综复杂的联系，彼此又可以产生相等的反作用力。

太空拥堵

未来，外太空间将会成为各国争抢之地，因此会成为一个十分拥挤的地方。弗若斯特沙利文公司的太空领域分析师安曼·帕努（Aman Pannus）预测，在下一个十年中，全世界会累积发射大约 1 200 颗卫星，和过去十年发射的总卫星数量相比，这意味着下一个十年卫星数将再增加 25%。新的导航卫星网络、各种微型和重型卫星的发展，以及随着进行空间探索的国家越来越多，都将会持续地激发这一市场的需求。然而，建立商用卫星平台（包括军用卫星平台），才是促使众多企业纷纷探索太空领域潜在机遇的主要原因。图 10—1 显示了 2011 年至 2021 年间根据不同用途而发射的卫星。

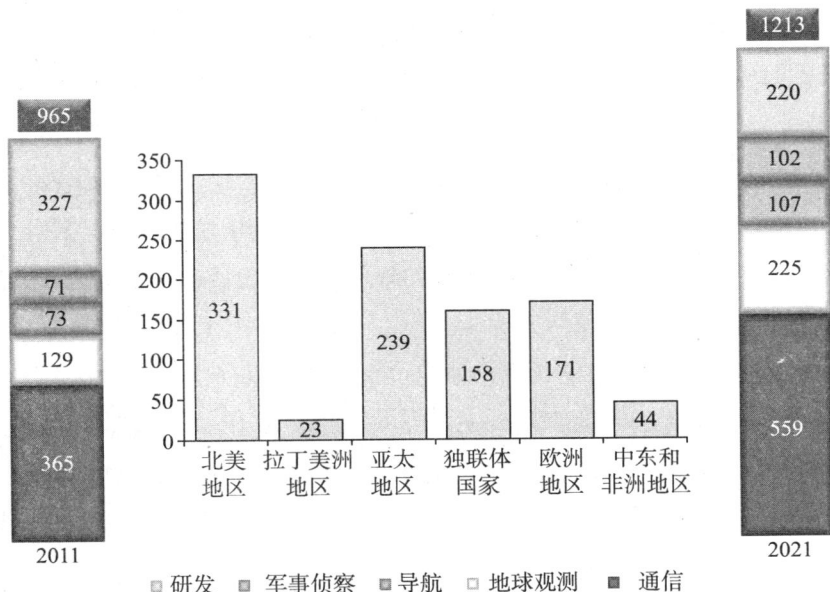

图 10—1　2011 年至 2021 年间发射的卫星（按地区和用途分）

外太空近地轨道（即距离我们头顶 800 千米～1 000 千米左右的位置）上的拥堵状况比周一早上伦敦的 M25 号环形公路还要糟糕。美国宇航局预测，目前有超过 50 万件太空垃圾以及 1 000 多个在轨卫星在围绕地球旋转。随着像美国、中国和俄罗斯这些国家开始实验击落卫星的技术，太空垃圾的状况会持续恶化，且存在的范围会越来越大。近几年来，专家们一直在谈论太空垃圾对在轨空间基础设施的威胁。所以，当 2009 年 2 月，一个停摆的俄罗斯通信卫星宇宙 2251（Cosmos 2251）在西伯利亚上空约 805 千米处迎头撞上了正在作业的美国通信卫星铱 33（Iridium 33）时，并没有让人们感到震惊。相反，这让很多行业的参与者们感到有点意外，尽管他们一直都了解太空垃圾的潜在危险，但却从未承认这会是一个近在眼前的威胁。如果在下一个十年中再发生一些类似的碰撞事件，我是不会感到惊讶的。

太空竞赛

我们都知道关于冷战时期美国和苏联之间开展太空竞赛的事情。甚至有些阴谋论者认为，美国从来就没有登上过月球，近 5 亿人观看的电视直播并听到尼尔·阿姆斯特朗说出"个人的一小步，人类的一大步"的场景，其实只是来自好莱坞工作室的转播，背景根本不是月球表面。就算这些说法是真的，有一点我们不得不承认，那就是在这场太空竞赛中，美国和苏联的宇航局都取得了巨大进步。然而，太空战将在下一个十年中变得更加激烈，太空领域也会变得更加拥挤，同时也更有意思。

在 2011 年初，美国的导航星全球定位系统还是世界上唯一能够全面运行的全球导航卫星系统（GNS Global Navigation Satellite System，GNSS 是对太空轨道内所有的导航卫星星座的统称，GPS 仅仅指美国的 NAVSTAR 星座），也是代替了地图，和我们车里使用的 SAT NAV 装置（如 Garmin 和 TomTom）相连接的系统。2011 年十月，俄罗斯的格洛纳斯导航系统（GLONASS）加入了这一行列，成为世界上仅有的两个全面运行的全球卫星导航系统中的一个。然而，其他国家也不甘落后，2014 年正式运行，欧洲人正在加紧研制饱受争议的伽利略（Galileo）卫星系统，预计在 2019 年至 2020 年全面运行；不久中国也会迎头赶上，他们已经自主研发了北斗 2 号全球卫星导航系统；日本也正在谋划他们自己的区域性导航卫星系统——准天顶卫星系统（QNSS Quasi – Zenith Satellite system）；印度正在研发他们的 GAGAN（印地语"天空"的意思）导航系统。到了下一个十年末，世界上至少会有 5 个全球卫星导航系统。

欧盟正在研发他们的伽利略卫星导航系统，据说该系统会是迄今为止最精确、最先进的全球卫星导航系统，它还是有史以来第一个主要为民用设计的全球导航卫星系统，也会是唯一一个完全受民间控制的卫星系统。俄罗斯的格洛纳斯系统和美国的 GPS 系统的精确程度达到 10 米，而伽利略导航系统提供的某些服务，如开放式导航（open-access navigation）和免费接收（free to air）有可能提供精确到 1 米的定位，除了在极端环境下，这些定位服务都能确保正常使用。

　　未来的全球导航卫星系统将能够提供精确到 1 米的定位，且可以精准地识别垂直建筑物中物体的位置。也就是说，未来的卫星系统能够准确地获知你正坐在一栋 62 层公寓大厦第 7 层的一间客厅里。这听上去是不是有点可怕？

　　在 2011 年，谷歌地图与一些机构合作，开始提供室内导航服务。如果你觉得这没什么了不起的话，那么请想象一下，当你在平板电脑上阅读本书时，在 22 000 千米以外的外太空围绕轨道运转的某个卫星能够精确地定位到你此时正坐在家中的沙发上，然后和多个相关部门如政府部门和商业机构分享你所看到的信息。这些被分享的信息和其他的基于位置的信息加载在一起，就能描述出你一天中的所作所为，比如，你所去过的咖啡馆，你工作的办公室，你去吃午餐的地点，你去过的（或没有去的）健身房，你路过的会员制杂货店，以及你在看这本书时所坐的沙发。如果把这些点都串联起来，对大多数广告公司来说将会是非常有价值的信息。当然，这些信息对那些致力于预防灾难发生的政府机构显得更为重要。而这一切的一切都是缘于那些无所不能的、时刻看着你的卫星。

两个可能引发第三次世界大战的新领域

　　第三次世界大战若是真的发生了，上帝也不会答应。但除了空中、海洋和陆地这三个会发生战争的领域外，还有两个可能发生冲突的新领域，那就是太空和网络。网络战场是有史以来第一个人为的冲突领域，以往的冲突领域都是自然界里形成的领域。

　　历史表明，对空中制高点的控制是赢得战争的基础，不管是通信、观察、导航还是狙击，都要倚仗空中制高点的优势，全球的军队都认同这一点。在未来，大部分战争的开始阶段都会首先干扰或打击对方的太空设施。所以，那些能够成功地利用军事航天设施，同时能够对敌方的军事航天武器给予打击的国家，将会在战争中占据有竞争性的优势。对太空领域的控制将会在未来的战争中起到至关重要的作用，因此，太空领域将不仅仅只是用来观察和导航，而也有可能是向一个战场转变。

　　对太空的利用在军事上是十分重要的，这不仅仅是为了监控，而更多的是用于军事侦察和通信。1991 年海湾战争期间，美国军队利用了传输速率达 99Mbps 的卫星通信；相比之下，2003 年美国的军队比海湾战争时规模更小，但却使用了传输速率达 3200Mbps 的卫星通信，每一个士兵的通信传输速率都增加了 60 倍，而这一速率还在继续增长。一些专家预计，到 2030 年，每一个士兵使用的卫星通信速率将会增加 300 倍。提升卫星通信传输速率主要是为了满足军人未来作战的需求，如增加无人驾驶系统的应用、军事现代化（包括作战军人对电子设备和通信设备的需求）、战略和战术通信网络、指挥控制系统和军力防护计划等。为了满足这些需求，美国政府采取了一个双管齐下的办法：首先，国家大量投资，创建一个可靠并可持续的军用卫星设施来满足作战军人不断发展的需求；其次，把商业宽带用于军事领域来填补需求（这一需求可能十分巨大，目前美国军队从商业卫星处获取 80% 的宽带）。

　　奥巴马竞选总统时，他的团队的竞选策略曾不断地被黑客袭击，这让奥巴马意识到了网络攻击的威力。刚上任不久，奥巴马就立即任命了前微软安全执行长霍华德·施密特（Howard Schmidt）当任白宫网络安全协调员，并拨给他近 130 亿美元的财政预算。同样，在英国，网络犯罪被认为是当今面临的最大的网络安全威胁，尽管国防方面的预算在减少，但新一届政府仍然投入 6.5 亿英镑来应对这一棘手的问题。美国军队以及很多企业银行和组织，均声称他们的网络几乎每天都会受到来自各种黑客的蓄意攻击。

　　网络战争和其他战争的不同之处在于任何人在任何地方都可能成为潜在的敌人。他们根本不需要拥有卡拉什尼科夫（KalashnikoVS）冲锋枪的装备，也不需要受过系统的恐怖组织训练，他们所需要的只是一部电脑和网络连接。他们有可能位于西伯利亚的某个地方，在那里利用大量来自各国的被攻击的电脑来实施他们的进攻，因此想找到他们比找到越南战争中的游击队还要难。另外，随着金砖国家的崛起以及这些国家的 IT 人员数量的增加，云计算趋势也意味着像英国和美国这样的国家的重要安全数据将很有可能会置于外国的控制范围当中。因此，这也是一个安防的潜在危险。一个英国网络安全部的专家告诉我说："网络战争的袭击将比原子弹更难控制。"

表 10—1 描述了美国国土安全部总结的网络战争的主要特点以及它们所带来的威胁。

表 10—1   网络战争的特点和威胁

威胁	描述
僵尸网络运营者	僵尸网络运营者其实就是黑客。然而，他们并不是为了夸耀自己的能力而入侵大量的网络系统，而是以此来协调各种网络攻击、散布网络钓鱼攻击、发送海量垃圾邮件以及恶意软件攻击等。这些网络服务有时会出现在地下市场(比如建立服务器来传播垃圾邮件、进行网络钓鱼袭击等)。
网络雇佣军	和传统的雇佣军一样，网络雇佣军是一个能够造成致命性打击的专业群体。这些网络雇佣军们能够提供各种恶意软件服务和一揽子程序包，攻击方式从一次性攻击到在几个地点同时的持续攻击都有。人们甚至可以购买以小时计费的服务，从短暂的一小时攻击某网站，到持续攻击几个小时直至其彻底被破坏。
犯罪团体	犯罪团体为了赚钱而攻击网络系统。更确切地说，他们是有组织的犯罪团体，运用垃圾邮件、网络钓鱼、间谍软件／恶意软件，来实施在线诈骗和偷取身份信息的犯罪活动。国际企业间谍和有组织的犯罪组织也会是一个潜在的威胁，因为他们有能力从事商业间谍活动，完成大规模金钱盗窃，并可以雇佣或发展有黑客天赋的人。
外国情报机构	外国情报机构使用网络工具作为他们收集情报和进行间谍活动的手段之一。除此之外，一些国家正在积极地发展情报战争理论、战争方案和战争能力。这些能力可以使一个单一实体中用来支持军事力量的供给、通信和经济在基础设施受到干扰，产生巨大严重的影响，甚至能够影响一个国家公民的日常生活。

续前表

威胁	描述
黑客	黑客们入侵网络系统，往往是为了在黑客界炫耀自己的能力。以前远程入侵需要较多的技巧和计算机知识，而现在黑客们只要从网上下载攻击脚本和方案，就可以对网站发起攻击。因此，尽管攻击工具变得越来越复杂精密，但同时这些工具也变得更容易使用。根据美国中央情报局的报告，绝大多数的黑客不具备威胁重要网络系统的专业知识，但全世界的黑客还是对网络安全造成了很大的威胁，他们能够进行单一的或短暂的干扰，造成严重的损害。
知情者	一些组织机构内部心怀不满的员工是实施计算机犯罪的主要人员。这些内部知情者并不需要关于电脑入侵的大量知识，他们对目标系统已有的知识就足以使他们获取到无限制的访问权限，从而盗取系统数据或对系统造成严重损害。来自知情者的威胁还包括外包商以及无意中将恶意软件植入系统的员工。
网络钓客	网络钓鱼者通常是个体或小团体，会发动一些网络钓鱼攻击，试图盗取个人敏感信息，以赚取钱财。这些网络钓客还会使用大量的垃圾邮件或间谍软件／恶意软件来达到他们的目的。
垃圾邮件制作者	向个人或组织发送大量带有隐藏信息或虚假信息的垃圾邮件，其目的是为了销售产品、进行网络钓鱼攻击、发布间谍软件／恶意软件，或攻击组织机构（如拒绝服务攻击）。
激进黑客	激进黑客是指那些利用互联网和其他黑客攻击技术的激进分子，他们一般通过干扰互联网的服务，来引起公众对某一政治事件和社会问题关注。
间谍软件／恶意软件编写者	间谍软件／恶意软件编写者是一些带有恶意企图、通过制造和传播间谍软件／恶意软件、来进行攻击的个人或组织。一些有强大杀伤力的计算机病毒和计算机蠕虫损坏了大量的计算机文件和硬盘，这些病毒包括 melissa macro virus、CHI、Nimba、Code Red、Slammer 和 Blaster。

续前表

威胁	描述
网络恐怖份子	网络恐怖分子是一些旨在摧毁或利用关键基础设施的恐怖分子，他们能够威胁一个国家的安全，制造大规模死伤，削弱一个国家的经济，挫伤公众士气和信心。网络恐怖份子可能会利用钓鱼计划或间谍软件、恶意软件来获取资金敏感信息。

太空和网络两大趋势所带来的启示

虽然本章所述的这一趋势的前景令人担忧，但这一领域中确实也存在着一些商业机会，例如，卫星制造业所带来的大小商机就显得尤为重要。

根据弗若斯特沙利文公司的分析师预测，全球的卫星制造业市场每年的增长率大约在 10%~15% 左右，在 2010 年到 2020 年间，累计收入将达到 1 500 亿美元（包括发射服务创造的收入，大概在 40 亿美元）。地球同步卫星轨道将会是最大的创收市场，占建造卫星和发射卫星市场总收益的近一半。随着对高宽带通信和有限轨位（finite orbital slot）需求的日益增长，卫星运营商需要比以往更多、更强大、更灵活的卫星。全球卫星制造市场更愿意接受军民两用平台的卫星系统，这将给卫星服务提供商和卫星制造商们带来新的机遇。

然而，像印度和中国这样的国家，由于其低廉的制造成本，将来会对发达国家的卫星制造市场形成挑战。中国和印度拥有高技术人才、廉价的劳动力以及相对低的生产成本，这使得他们在和西方国家现有的航天航空市场上比拼时更有竞争力。"中国和印度的卫星制造成本比西方国家最多可以低 60%，"帕努解释道，"这将促进战略性的国际合作，就像中国与尼日利亚和巴西建立了合作关系，而印度也正在加紧与欧洲和俄罗斯合作。"

而全球防卫力量也正在面临着这场实力不对称的太空战争，这增加了对具有灵敏且快速的作战响应能力的需求，也就是说很可能一个为期 100 天的战争已经结束，而远征军为时 100 个小时的战役仍在进行当中。从美国的 SMDC-One 卫星项目就可以看出，太空领域和这一需求不无关联。在这一项目中，美国希望通过发射纳米卫星来打造其太空作战响应能力，从而满足在偏远地区作战军人的需求。除此之外，美国军队正在发展多用途纳米导弹系统（Multipurpose Nanomissile System，MNMS），这一系统装有可配置的助推器，能够迎合各种特殊任务的需要，比如导弹防御目标火箭、红外和雷达传感器、航空设备组件的超音波测试火箭、弹出式侦察系统、有效载荷很小（发射到近地轨道 10 千克）的高速响应轨道运载火箭，甚至是依靠传统军需的超远程打击能力。除了打造太空作战响应能力以外，价格也是发展这一系统很重要的驱动力。这一系统中每颗纳米卫星的造价在 30 万 ~100 万美元之间，这使得军队可以发射多种纳米卫星，同时将整个卫星的造价保持在一个相对较低的水平。

为了迎合空间环境下的军事响应的需求，航天工业需要发展可靠并且经济的空间基础设施，更重要的是，要确保这些设施能够在规定的较短时间内运送到位。沙利文公司预测，到 2030 年，卫星制造领域将会创造出更多的商用成品（commercial off-the-shelf）子系统和配件来运送标准、可靠、快捷的空间系统，以满足军队远征的需要。除此之外，已在地面应用中被跟踪记录验证的 COTS 解决方案，将被进一步应用到太空中，这会大大降低研发费用，从而使之成为一种可负担得起的太空设备。

另一个太空军事领域出现的重要趋势会是"银河作战兵"。"银河作战兵"一词指的是能够控制太空武器和设备的太空运营商。在无人机系统的新时代，无人机驾驶员将成为当今战争舞台的主要力量，而部署太空武器的复杂性和危险性只能根据无人机所执行的任务和获取的经验来推断。

太空游客、太空旅馆和太空婚礼

如果你有两千万美元闲钱并想来一次太空旅行，俯瞰月亮、星星和地球的话，那现在你已经可以用这笔钱来进行一次为期 8 天的太空旅行。如果你拿不出两千万美元，你只有 20 万美元的话，不妨加入维珍银河航空公司（Virgin Glactic）430 人的太空旅游计划。只需两天的训练，你就可以成为一名宇航员，花两个半小时跟另外 6 名和你一样的游客登上飞机。你的假日宇宙飞船将以 3 马赫的速度，在距地球表面 109 千米的高度飞行，从技术上说，这已经超过了国际上对一个国家领空范围的定义高度（100 千米）。假如你不喜欢理查德·布兰森爵士①（Richard Branson），觉得他只是个二手车推销员，而更愿意和别的人一起旅行的话，你可以选择 Rocketplane 提供的每人 25 万美元的项目，或者是 XCOR 宇航公司提供的平价太空度假之旅，大概只需 9.5 万美元。

在下一个十年，太空旅游将会商业化。一些公司如维珍银河航空公司、波音公司以及轨道科技公司（Orbital Technologies）等，已经开始着手发展太空旅游业。一些组织机构，如俄罗斯的轨道科技公司正在进一步发展这一项目，他们称到 2016 年将建造一个全面运营的太空酒店，所有的房间都能看到银河的景象。只需 15 万美元，你就可以在这一全明星的太空酒店里住上五天，当然这不包括你的飞行价格（大概会花费 75 万美元）。按照酒店的规定不能喝酒，但你可以在最豪华的餐厅一边享用晚餐，一边听着你最喜欢的歌曲——《加州旅馆》。

不仅如此，如果你希望在太空举行婚礼，并且希望你的婚礼誓言成为"我愿意嫁给你、爱你、忠诚于你，无论贫困、患病或者残疾，无论在地球还是太空"的话，也是可以实现的。今天，你甚至可以购买一件由设计师松井江美（Emi Matsui）设计的失重婚纱，穿着它去太空举行婚礼！

专家预计，到下一个十年末，太空旅游业的行业价值能够达到每年近 10 亿美元。我们可以期待，到 2030 年，太空旅游业会成为太空行业收入的主要组成部分，而且它的潜力还在不断扩大。

完美的英国天气预报

在"阳光明媚"的英格兰居住了 15 年之久，我和其他 6 000 万英国人一样，最想要一台天气预报机。虽然今生我们未必能看到这种仪器出现，但随着卫星的不断改进，我们还是可以期待天气预报更加准确些的。在将来，天气预报可以预报未来两周的天气，准确率高达 99%。卫星加上超级计算机，将能够预测出十米范围内的风和雨的情况。也正是因为有了卫星，气象学才得到长足的发展，可以对持续的全

---

① 维珍品牌的创始人，1999 年，英国伊丽莎白女王册封布兰森为爵士。——译者注

球变暖所产生的影响进行分析，气候模型方案也因此在细节上取得了更大的进展。

空间太阳能发电站

空间太阳能卫星被认为是一个可行的能源替代方式。根据日本经济产业省的文件，日本太空发展署计划在 2015 年发射一颗装有太阳能板的小型卫星，对地球大气层的最外层电离层的、来自太空的电力进行试验。日本政府希望能够在 2030 年左右正式全面运行他们的太空太阳能站。在这一计划当中，三菱电气公司和石川岛播磨重工业公司（IHI）将负责一项价值 210 亿美元的项目，旨在 30 年内在太空建立一个巨大的太阳能发电站，将电发送回地球。与之相似的是，一家名为"太阳能"（Solar Energy）的私人公司也计划在该时间段内发展空间太阳能。中国最近出台了一项计划，计划在 2040 年前发展商用太空太阳能发电站。这一计划预计在 2020 年前设计出一个可持续发展且可获利的模式。

尽管空间太阳能的发展还处在初始阶段，然而从长远来讲，来自政府和企业的大规模投资会使之能够最早到 2030 年成为一个重要的能源来源。由于目前世界面临着严重的能源短缺，因此空间太阳能将在 2030 年至 2040 年间成为一个引起全世界高度关注的大趋势。除了在发送空间太阳能方面实现科技的突破，卫星制造商还需要与发展和支持这项技术的投资者们紧密合作，研发出能够将太阳能传递到地球的卫星，还要研发能够延长卫星使用寿命的技术。成套的技术和产品创新将会成功地推动这一能源解决方案的实施。这会在整个太空领域的产业链上产生大量新的机遇，包括研发创新型太阳能板来捕捉和传输太阳能，研发卫星（和卫星的子系统）来传送能量。

基于服务的卫星商业模式

太空服务领域产值在 2011 年价值为 10 亿美元，10 年内预计会翻一番。航天科技企业如泰雷兹阿莱尼亚公司（Thales Alenia Space）在太空领域的收入增长率和利润率的增长超过了其制造业的增长。

空间服务领域大致可以分为五大类型：地球观测、网络和互联、导航、卫星运行管理以及地面设施系统和技术支持。除了卫星运行管理和地面设施，其他的服务都将会出现良性的增长。网络和互联领域将会占据卫星服务领域总收入的一半。随着卫星应用范围的扩大（如卫星宽带解决方案、移动电视、HDTB、3DTV）以及民用/军用安防方面支出的增加，网络和互联领域的增长率会持续走高。然而，由于对导航服务的大量需求出现，以及人们对各种交通解决方案基于位置的服务需求的不断增加，导航服务领域将会出现最高的增长率。在股票市场，卫星服务航天板块中，值得关注一下这些企业的股票：阿斯特里姆（Astrium Services）、休斯（Hughes）、Vizado、斯特托斯公司（Stratos）、欧洲卫星公司（Globcast）和 Telespazio 空间通信公司。

在卫星服务业中，一个在全球范围内有所增长的领域将会是卫星宽带。在没有电缆、没有数字用户线路（DSL）、没有无线网络的人口稀少地区，卫星是唯一可以实现宽带网络的方式。在 2010 年，根据弗若斯特沙利文公司的研究，使用这一服务的客户全球共有 150 万人，该行业全球的价值总额为 12.6 亿美元，其中三分之二的市场在美国。在接下来的 6 年里，卫星宽带网络的用户将增加到 600 万人，这一行业的收入也会随之翻一番。产量较高的新型 Ka 频段卫星很可能为卫星宽带网络领域带来革新的潜力，并与 DSL 网络服务形成竞争。

卫星宽带正在呈现全球化的趋势。在北美提供卫星宽带网络连接的公司如卫星通信系统生产商 ViaSat 公司的子公司 Wild Blue，以及这一市场的领先企业休斯公司都在最近十年内有了长足的发展。休斯公司和 ViaSat 公司正在分别向欧洲卫星运营商阿万蒂公司（Avanti）和 Euteslat 公司出售他们的 Ka 频段卫星宽带网络技术。目前，欧洲市场有不到 10 万个家庭需要依靠卫星服务来获取网络连接，但到 2015 年，卫星服务的用户会超过 200 万。

另外，我们还会看到，军队和政府对商用卫星运营商的投资会越来越多。2008 年，美国政府和军队将他们 80% 的卫星通信服务外包给商用卫星运营商，而在 2010 年，将近 90% 的卫星信信服务外包给了商用卫星运营商。2009 年至 2015 年，美国政府和军队在这一方面的总支出翻了一番，将于 2015 年达到 79 亿美元。将无人机和卫星通信设备配置到军队中的每一个人是军队购买卫星通信设备的初衷。美国政府和军队在商用卫星和服务上超过半数的发展项目都要通过国防信息系统局（Defense Information Systems Agency）的批准。美国政府在商用卫星上的支出会对其他国家的政府和军队产生影响，使他们成为这一行业的重要客户群。

互联领域里的总增长将会促进一些小众应用的产生。例如，机对机卫星通信市场将出现爆发性增长，市场价值会在下 5 年中翻倍，达到 19 亿美元，复合增长率可达到 15%。一些企业也会因此而受益。高通公司（Qualcomm Qmnitracs）目前是市场中最大的商家，占有全球 20% 的市场份额。

网络安全的机遇和启示

到 2020 年，全世界的人口总数将达到 75.5 亿，能够拥有互联网连接的人口会达到 50 亿人，随之而来的就是全球黑客人数的增长——将会增加 20 倍。黑客人数的剧增将会对全球的企业、民事安全、军事安全造成巨大的威胁。一些组织已经声称常常被黑客侵扰，而未来每天都会有更多的组织和机构的系统受到黑客的攻击，这一现象目前已经发生在一些组织身上了。

最近发生的一些黑客入侵事件确实令人担忧：对伊朗核设施的袭击（针对可编程逻辑控制器的超级工厂病毒 Stuxnet virus，袭击很可能来自以色列或美国，或者是由以色列和美国共同发起的袭击）、对索尼 PlayStation 及其在线娱乐网站的袭击（造成了索尼公司网络瘫痪超过十天，损失约 1.8 亿美元），甚至连高科技的网络巨头谷歌公司也成了有组织网络袭击的目标。这些黑客变得越来越张狂，甚至叫嚣："如果你不得不进行入侵，为什么不袭击卫星呢？"斯里兰卡的泰米尔猛虎恐怖组织（Tamil Tigers）[①]的确做到了这一点，他们通过袭击和控制 Intelsat 的卫星来进行恐怖主义宣传。

那么，这些事件会产生什么样的影响呢？它们对市场机遇又会带来怎样的启

---

① 泰米尔伊拉姆猛虎解放组织（Liberation Tigers of Tamil Eelam，LTTE），又称泰米尔猛虎组织、猛虎组织，是斯里兰卡泰米尔族的反政府武装组织。

示呢？普华永道公司的一项研究表明，2011 年，世界各国在网络安全上的支出大约为 600 亿美元，而接下来的三到五年里，每年的增长率都会接近 10%，其中美国占据了一半的市场。除了美国，在全球大部分地区，私人企业是网络安全方面支出的大户。弗若斯特沙利文公司的一项研究显示，在过去的三年中，私人企业在 IT 安全市场方面的支出增加了 50%。

图 10—2 显示了针对不同网络安全方案的支出比例。目前在信息安全方面的支出数据表明，网络安全、安全操作、数据安全是支出最多的几个领域，身份和访问控制将会是增长速度最快的领域。

随着网络战争的越演越烈，私人企业的内部管理会也将出现一些重要的改变。企业的实体安保工作和信息安全工作将合二为一。目前，网络安全仅被认为是一个技术问题，一般由一个企业中的信息部门或技术部门负责。然而，随着网络安全对一个企业的生存变得越来越重要，企业保安部的职能会与信息安全部的职能合二为一，成为安全评估部。安全评估部将负责所有形式的安保，不论是实体安保还是网络安保，或者是企业的设备以及产品和服务的安全。评估部将和企业中的一些部门如 IT 部门、研发部门、工程团队以及保安部相互合作，从而确保"零入侵"。

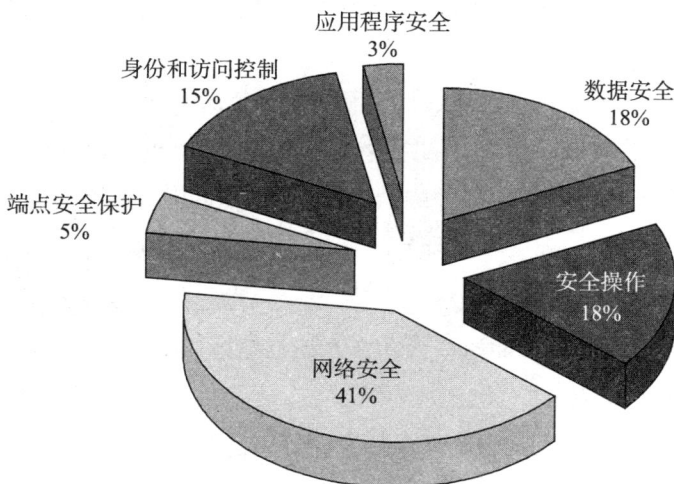

图 10—2　2010 年网络市场：不同解决方案领域的支出

资料来源：弗若斯特沙利文公司

组织机构内部结构的改变会导致新的基于服务的网络安全商业模式的出现。随着云服务的发展，以及通过手机和平板电脑获取数据能力的提高，企业和组织会发现管理和保护他们的数据和信息变得越来越困难，因此安保功能外包的需求也会随之不断增加。托管式的安保服务业务将在网络环境中兴盛起来，一些新型企业很快就抓住了这一机遇。德蒂加（Detica）就是这样一家公司，他们提供代管安保服务以及一系列的咨询服务产品、全套技术和解决方案。这些服务和产品能够将网络分离（所谓的"空气隔绝"解决方案），将数据获取与数据分析相结合，从而侦察和挫败网络攻击。

由于企业组织内部各部门的角色和功能产生的交汇，我们也会看到这一行业内竞争的交汇。这很可能导致一些新的企业出现，这些企业在不同的专业领域有着卓越的能力，如 IT 安全、网络安全和实体安保等，可以为市场提供端对端的解决方案，而这会使行业内部出现更多的合作与并购。根据普华永道公司的统计，自 2008 年以来，在网络安全领域出现的企业合并与收购累计价格近 220 亿美元，平均每年超过 60 亿美元。收购的企业横跨不同领域，包括科技公司、IT 服务公司、防务公司、安全服务提供商以及金融领域。并购的企业大多数来自美国和英国，目前这两个国家也是这一领域最大的两个市场，但将来，一些跨国的收购活动将会出现。

网络安全市场也为商家提供了打入新市场、拓展新业务的机会，从而获取新的客户群体。随着全球军事支出的减少，为了能够接触到新客户群——政府机构（如 CIA、军情六处、FBI），像美国的雷声公司（Raytheon）和 BAE 公司这样的防务公司正计划进行一些有针对性的收购，以使自己能够在庞大的企业领域中站稳脚跟，特别是在获利丰厚的银行业和保险业。为达此目的，这些企业开始寻找网络安全方面的稀缺人才，而这些人才在开拓当地市场中有可能会起到关键作用。BAE 公司耗资 18 亿美元，通过收购德蒂加公司和 L-1S 身份识别解决方案（L-1 Identity solutions）来进军网络安全市场。有意思的是，这些防务运营商也从军事领域获得了新业务。军事领域通常缺乏专业的、训练有素的网络安全专业人才，而对于这些防务公司来说，这无疑是一个千载难逢的机会，他们可以与军事情报机构进行合作，为他们的网络操作系统提供安全保障。

　　同样，IT 公司也把网络安全看作他们产品和服务的发展方向，这一方面是为了使自己在竞争中具有差异化的优势，另一方面更重要的是为客户提供端对端的解决方案。难怪这些 IT 企业也开始大肆进行收购，其中备受争议的最大的一项并购是英特尔公司于 2011 年以 78 亿美元收购了迈克菲公司（McAfee Inc）。

有待挖掘的白色空间市场机遇

　　就这一领域的白色空间市场机遇来说，在航空航天领域和网络安全领域都存在大量的尚待开发的处女地。

　　首先，卫星制造商可以研发微型组件和子系统，低质量、高强度的结构材料，以及低质量、小容量的电池。这些新功能产品的研发不仅可以提高效率（对较小的卫星平台来说尤其如此），还可以使这些平台被运用到不同的应用程序中，如高像素地球成像、高速通信和勘测。

　　卫星制造和服务业收益的不断增长，将促使该行业从以往主要依靠政府投资，转变为依靠私人企业的投资，从而促进了新型商业模式如公私合作（PPP）或私募股权基金的产生。对这些项目进行投资，无疑是银行业和工业部门的一个重要的机会。一个很好的例子是英国的军事通信卫星系统 Skynet5A 项目。这一项目的投资者不是英国政府，而是阿斯特里姆公司，英国政府则需要从阿斯特里姆公司购买服务。美国最近出台的政策也体现了向这一方向转变的趋势。

　　卫星服务模式将彻底摆脱与当前防务部门的模式相类似的模式，而发展成为支持维护全生命周期的模式。卫星制造商们不仅为他们的客户制造卫星，还会对卫星的全生命周期进行管理，在某些情况下运用创新型的"按小时计费"商业模式，给出价最高的顾客提供重要的带宽。然而太空组织的性质也需要进一步从研制型向商业型转变。

　　新加入太空领域的国家，如印度、中国、巴西等，将会为该行业带来巨大的机会。中国和印度在这方面雄心勃勃，要把人类带到月球，并发射探测器对太空进行深度探测。因此，对西方的企业组织来说，他们可以在帮助中国和印度实现太空梦想的过程中获得大量商机。

和所有竞争行业一样，太空领域如要实现繁荣发展也需要降低生命周期成本、研发成本以及加快产品和服务的上市时间，并提供更好的绩效指标（如单位生产成本、单位质量含量、单位体积含量、单位产品的功能等）。

网络安全市场的确有大量的、为人们提供商机的白色空间存在。最明显的是将家用电脑用户以及一些提供网络安全程序包（和消费者目前购买的杀毒软件相似）的小型企业作为潜在的客户。我相信，软件服务提供商，甚至一些宽带网络和手机运营商也可以向客户提供重新包装过的网络安全程序包，这些程序包可以保护他们的设备（如平板电脑或智能手机）不被黑客侵袭，避免遭受拒绝服务攻击，或者在被袭击或丢失的情况下，远程锁定数据或远程清除数据。目前，市场上一些具有基本功能的应用已经出现了，例如，十方防盗神（Wave Secure Mobile Security）就已经开始通过每年 20 美元的收费，为客户提供全面性的保护客户的资料和隐私的服务。

最近，一个名为 HomeSafe 的宽带服务提供商发布了一款类似的服务。这一服务可以植入宽带网络之中，从而保护家中所有互联的设备，不管是个人电脑、笔记本电脑、iPad，还是家庭游戏机。这一服务还附带一些功能，如父母操控、病毒警告、网络使用控制（如能够对某些网站设置访问时间限制）。到目前为止，HomeSafe 公司的这项服务还是免费的，想以此来获得竞争优势，他们标榜自己是全英国最安全的宽带网络，但估计在不久的将来他们会要对此服务进行收费。

随着越来越多的数据逐渐虚拟化或存储在云端，不论是储存在公共云端、私人云端还是混合云端，虚拟数据的安全也变得越发重要。首先，我们必须区分虚拟环境和云计算这两个概念，这两种技术的使用方式相同，因此容易产生混淆。虚拟技术通常使用软件将应用程序和服务器硬件进行分离，从而使服务器上可以有无数个虚拟环境，其中有多个应用程序和操作系统。因此，虚拟安全产品需要保护虚拟环境。

一些国家的法律，如美国的《萨班斯—奥克斯利法案》（*SOX*）以及《健康保险便利及责任法案》（*HIPAA*），目前还没有针对保护这些虚拟环境制定明确的法律条文。当我们把个人设备移入云环境时，数据的安全性常常被忽略了。和传统的环境（如电脑桌面和服务器）非常容易受到黑客攻击一样，虚拟环境也是如此。为了防御这些黑客的攻击，安全服务提供商们一直在研发和调试他们的虚拟安全产品，这些产品可能是虚拟环境中的应用程序，也可能是与实体和虚拟基础设施一起工作的应用程序。作为虚拟应用程序的传统 COTS 安全产品包括防火墙、防毒软件、入侵检测系统和入侵防御系统（IDS/IPS）、安全信息与事件管理以及日志管理装置。这些安全装置对那些正在移入云基础设施的机构来说至关重要。

2011 年，采用虚拟安全产品最常见的机构恰巧也是那些最受管制的机构，如金融服务领域和医疗领域的机构。其他行业如零售业、教育和政府，也将会是未来潜在的目标用户。虚拟安全产品通常应用于数据中心或企业之中。中型市场预期也会有较大增长，这是因为越来越多的企业开始使用虚拟安全产品，或考虑与混合云端基础设施相结合。

日益拥挤的外太空市场中的另一个机遇是太空吸尘器（Space Hoover）市场。俄罗斯一家名为 Energia 的公司正在计划建造一个耗资 20 亿美元的轨道吸尘器，以吸走卫星和流星体碎片。或许推动吸尘器改革的詹姆斯·戴森爵士也会考虑进军这一市场吧。

在过去发生的所有战争中，一个国家依靠的是传统的军事力量，而今，一个国家的安全很有可能完全取决于网络环境的安全和质量。所以，接下来网络军备竞赛的局面很有可能会出现，我们可能会看到网络神风特工队[①]、网络炸弹以及"网络冬天"的出现。这些有可能出现的前景听起来让人觉得毛骨悚然，实则令人担忧。我相信，这一切迟早都会发生，我们终将会看到大规模的网络袭击。不信的话就等着瞧吧。

---

① 全名神风特别攻击队（Kamikaze），是第二次世界大战末期，日本为了抵御美国军队强大的优势，挽救其战败的局面，利用日本人的武士道精神，按照"一人、一机、一弹换一舰"的要求，对美国舰艇编队、登陆部队及固定的集群目标实施的自杀式袭击的特别攻击队。——译者注

NEW MEGA TRENDS
IMPLICATIONS FOR OUR FUTURE LIVES

11

未来大趋势

终 于写到最后一章了，作为读者你可能觉得大趋势的清单已经够多的了，该结束了，而实际上，我开始准备了近 200 个大趋势！为了阅读的方便，我把这 200 多个大趋势归为 15 个，编入了本书的 10 个章节。在这最后一章，我将简述一些前面章节中没有提到但同样重要的大趋势，并对它们进行分析，最为重要的是，为读者阐释如何从宏观到微观的角度审视和抓住新的市场机遇。

未完待续的大趋势

我一个同事曾说："预测是一门不准确的科学"。我完全同意！如果我能预测未来，我就不用写这本书了，而早就成了股票市场中的一个亿万富翁。所以，尽管我做了最大努力，试图找出未来最重要的几大趋势，但还是有一些趋势没有涉及。这其中的一些趋势如下所述。

页岩气

奥巴马在 2012 年总统的国情咨文演讲中提到，美国过去一百年的发展很大程度上取决于来自外国的石油资源，同时也提到下一个一百年，美国的发展将取决于页岩气。而美国的后院恰好蕴藏着十分丰富的页岩气资源。

　　的确，页岩气将改变世界。它将使美国从一个油气进口国成为出口国。根据英国石油公司的研究，西半球可以依靠自身的页岩油气以及其他燃料资源的储备维持到 2030 年，从而使欧洲减少对其政治上的竞争对手（比如俄罗斯）的依赖。所以，不用担心阿拉伯国家的石油用完了怎么办，因为我们有页岩气。

　　然而，事情并非这么简单。英国政府在兰卡斯特郡进行的页岩气开采活动就因为 2011 年春引发了两起小地震，而遭到环境保护组织的反对。一些国家如法国已经禁止了页岩油气钻井的使用，但这估计是法国政客们一些狡猾的伎俩，目的是维持他们核能发电厂的主导地位，而并非真正关心会不会引起地震。

　　我相信，页岩气将会成为未来的大趋势，但并不是下一个十年即将发生的事。到 2020 年之前，估计我们还没有足够的技术来对页岩气进行安全的开采，并且确保不对自然环境造成破坏。因此，有关页岩气趋势的论述最好还是留给我的下一本书吧。

下一个十年改变世界的国家

　　我们经常被问到一个问题：如果金砖国家的经济发展速度变缓，那么世界上其他经济体会怎样呢？说实话，世界上没有哪个国家可以与金砖国家的发展相提并论。仅就金砖国家所占的地理面积和所拥有的人口总数来看，世界上没有哪个国家能与之相比。然而，我可以非常肯定地说，还有一些国家和地区在接下来的十年里具有巨大的发展潜力。

　　首先，我对非洲的发展十分有信心。在针对大趋势这一主题中有关非洲的一项研究报告显示，非洲大陆有着惊人的潜力。非洲的人口和印度一样多。然而，若在夜间从空中俯瞰，和印度相比，非洲大陆是一片漆黑之地，因为目前非洲只有 30% 的地区有电力供应，而这一现象很快就会得到改变。在未来，非洲大多数国家的 GDP 都会翻一番，有的会呈三倍增长，所以到那时，70% 的非洲人都会得到电力供应。到 2020 年，非洲预计会有 11.7 亿人拥有手机，整个非洲将会变得更加互联。2011 年非洲有网络连接的人口只有 1.15 亿，这一数字到 2020 年会增长到 8 亿，从而促进他们的经济发展。这一转变可以在下个十年中促使其 GDP 的年增长率达到 2% 到 4%。非洲尚未开发的油气资源将会使一些国家变得富有。我们的报告还显示，到 2020 年，非洲大陆所创造的财富将会达到 1 万亿美元。

在我们的分析中，"金砖国家以外的国家"包括墨西哥、阿根廷、波兰、埃及、南非、土耳其、印度尼西亚、菲律宾和越南。我认为东盟地区在未来有巨大的潜力，尤其是随着东盟自由贸易区的发展，企业将能够在整个区域销售他们的产品，就和今天的欧盟一样。

如果就整个欧洲地区来看，我想我会把钱投资在土耳其。

基础设施投资

我们的调查也涉及了全球在基础设施上的投资，试图评估哪种基础设施部门会符合超大投资的标准。我们所研究的部门包括交通、能源、空港和海港。然而，将这些行业在全球范围内作比较还是很困难的。举个例子来说，一些管理咨询公司把水资源评为极其重要资源，并且是基础设施投资最多的领域。

水资源是十分重要的资源，这一点我十分赞同，可就基础设施投资来说，没有证据表明对水资源的投资会是规模最大的投资。虽然说在发展中国家，人均用水量在增长，但另一方面，在美国等发达国家，人均用水量趋于与以往持平。

随着发展中国家城市化的速度越来越快，人口密集的城市越来越多，修建公路和城铁的需求会越来越大，我们认为与交通运输相关的基础设施投资会成为全球基础设施投资中投资最多的领域。

新兴外包聚集地

忘记班加罗尔吧。新时代的新兴外包聚集地将不再是那些曾经拥有相对低廉的成本且基础设施发展完好的发展中国家的一级城市。新兴的外包聚集地将会是一些新兴地区（印度尼西亚、越南、菲律宾、哥伦比亚、墨西哥、非洲、智利和阿根廷）的二级和三级城市。这些城市的发展速度比一级城市要快，并将成为许多重大基础设施项目的关注地。这些城市将会成为一些小众应用的外包中心，涉及的业务包括软件应用开发、产品研发、软件测试以及商业分析等。

2020年科技版——未来的尖端科技

2020科技版是弗若斯特沙利文公司科技研究与咨询部门旗下的一个主要研究项目。该项目旨在研究未来10年影响整个世界的、最激动人心的科学技术。

图11—1展示了未来几种十分重要的高科技。虽然每一种高科技都是独立的领域，显示了全球研发和创新的高度发展，但它们之间却又相互关联。每一种高科技在当前和未来的应用都是互相依赖的，并且有重合的部分。这些技术正在迅速地发展，并形成一个衍生创新、新概念、新产品和服务的中心。

弗若斯特沙利文公司的研究表明，未来十年最具创新性、最有影响力的大科技是纳米技术、软性电子产品、高级电池和能量储存技术、智能材料、绿色IT、太阳能光伏技术、3D融合技术、自治系统、白色生物技术和激光技术。每一项技术都具有独特、创新的特性，并有可能产生轰动的应用，当然，也会对消费者和商家带来实惠和利润。

关于大趋势，我经常被问到一个问题：到2020年美国还会是世界上的超级大国吗？我的答案是："会的，但不幸的是，美国将不再是唯一的超级大国了。"

关于大趋势的结论

大趋势是一种诱发改变的力量，既然它们属于力的范畴，那么当然要受到牛顿运动定律的影响。牛顿三大运动定律描述了物体与力之间的关系。牛顿运动定律也可以适用于诠释大趋势，具体如下：

第一大趋势定律。大趋势的影响是持续性的，除非遇到一个强加的外部力量（交汇是由于互联所驱动的）；

第二大趋势定律。一个大趋势的发生速度和规模与全世界对它的关注程度成

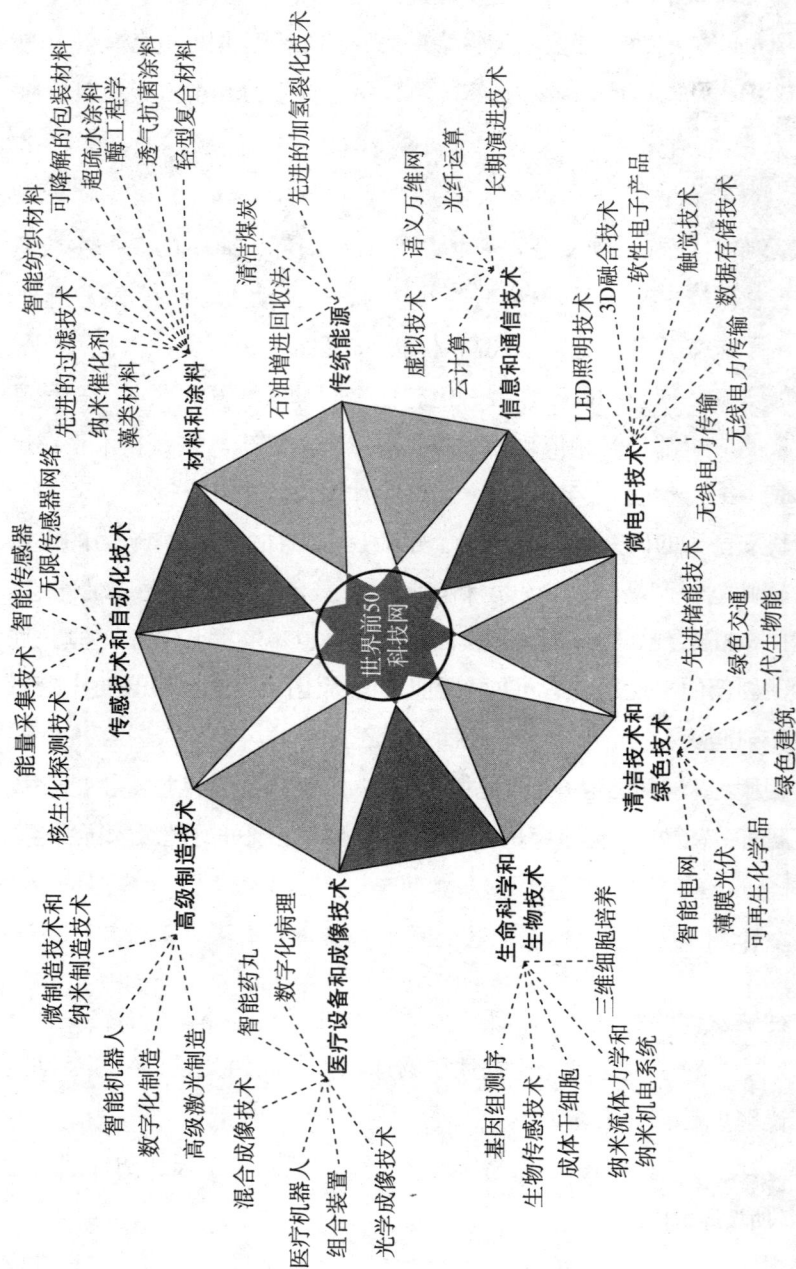

图 11—1 2020年世界前50科技网

世界前50科技网

材料和涂料
- 智能纺织材料
- 可降解的包装材料
- 超疏水涂料
- 酶工程学
- 透气抗菌涂料
- 轻型复合材料
- 先进的过滤技术
- 纳米催化剂
- 藻类材料

传统能源
- 清洁煤炭
- 石油增进回收法
- 先进的加氢裂化技术

信息和通信技术
- 语义万维网
- 光纤运算
- 长期演进技术
- 虚拟技术
- 云计算

微电子技术
- LED照明技术
- 3D融合技术
- 软性电子产品
- 触觉技术
- 无线电力传输
- 数据存储技术

清洁技术和绿色技术
- 先进储能技术
- 绿色交通
- 二代生物能
- 绿色建筑
- 智能电网
- 薄膜光伏
- 可再生化学品

生命科学和生物技术
- 基因组测序
- 生物传感技术
- 成体干细胞
- 三维细胞培养
- 纳米流体力学和纳米机电系统

医疗设备和成像技术
- 智能药丸
- 数字化病理
- 混合成像技术
- 医疗机器人
- 组合装置
- 光学成像技术

高级制造技术
- 微制造技术和纳米制造技术
- 智能机器人
- 数字化制造
- 高级激光制造

传感技术和自动化技术
- 能量采集技术
- 智能传感器
- 无线传感器网络
- 核生化探测技术

资料来源：弗若斯特沙利文公司

正比。例如，电动交通的成功或页岩气是否能够成为运输燃料取决于政府和公众对其的支持力度；

第三大趋势定律。对每一个大趋势来说，都有一个与之相等的反作用力（太空拥堵和网络战争，互联与交汇）。

表 11—1 显示了大趋势如何帮助你寻找新的机遇。

表 11—1   通过大趋势帮助你找到新机遇

找出尚未开发的机遇	通过研讨会、咨询项目和定期的调查更新，大趋势能够帮你找出新的尚未开发的市场机遇。
理解这些机遇之间的相互联系和协同作用	大趋势之间有着错综复杂的联系，这也意味着它们之间会产生协同的机遇。所以理解这些大趋势之间的协同作用和内在联系十分重要，它能帮助你实现增长的最大化。
了解经济增长的整个生态系统	识别并监测大趋势的生态系统以及价值链上最盈利的元素，从而了解驱动顶线增长的各种因素。
找出新的商业模式	大趋势能够帮你找出和了解新型的商业模式，这些商业模式受到跨部门的协同机遇和影响所驱使。
保持创新理念的持续发展	未来大趋势中衍生出来的创新理念是否能够持续发展很重要。
制订应急计划	大趋势能够帮你根据可能发生的情况制订应急计划。
小心来自非传统领域的新竞争者	传统的市场影响方式不再奏效，销售商必须根据终端用户的需求和行业要求作出改变，否则只能被淘汰。大趋势能够帮助你了解来自非传统领域的新竞争者。
在企业内部建立大趋势团队	企业需要在组织内部建立大趋势团队来最大程度地利用和开发这些机遇，勇于创新，跟上科技快速的发展，从而提高企业业绩。
帮助寻找未来客户	大趋势能够帮你实现创新，跟上未来科技快速发展变化的步伐，并使当前的企业战略适应"未来客户"的需求。

识别和分析大趋势的方法

本书已经渐进尾声，在此我必须要强调，了解这些大趋势只是抓住未来机遇的第一步。之后你必须找出这些趋势，找到它们之间的联系，设想未来有可能发生的局面，分析大趋势产生的影响，并且找到你的客户目前还未满足的需求。只有这样才能真正抓住 2020 年的机遇，以下是你应该做的。

我把这一方法叫做"从宏观到微观"方法论。这一方法能够帮助你找到尚未开发的市场，发掘下一个 Facebook 式的理念或 Groupon 式的创意——能够彻底改变某一行业的商业模式，并且获得更多的新客户。

从宏观到微观的方法有 5 个步骤，具体见图 11—2。

1. 找出大趋势和次级趋势。例如，了解城市化这一大趋势有四个次级趋势（超大城市、超大地区、超大走廊和超大贫民窟）是十分重要的。这些次级趋势将持续存在，并且能够改变整个社会。大多数情况下，这些次级趋势比大趋势本身还要重要。

2. 设想未来的局面。一旦你找出了这些次级趋势，就应该对其进行评估，评估它们会对你所从事的行业产生什么样的影响。首先你要明确的是，你自己所从事的工作属于哪一行业，要知道，汽车公司并不属于汽车制造业的范畴，而是归属于提供个人交通服务的市场，就好像可口可乐公司并不仅限于汽水饮料行业，而是属于整个饮料市场。因此，如果你从事的是汽车行业的话，你应该分析和评估大趋势和次级趋势对个人交通会产生什么影响。要考虑到未来可能会出现的极端的局面，比如没有石油的世界，或石油每桶价格仅 20 美元，然后综合考虑一下这些大趋势会带来什么样的新机遇。举个例子来说，随着很多城市的人口将超过 1 500 万，消费者们将会需要综合的交通系统，需要提供点对点的出行方案。因此，未来的汽车必须要能够和基础设施实现交流。与此同时，在饮料行业，人们的消费习惯会偏向于功能型饮料（能量加强型饮料）。

3. 评估对行业的启示。一旦你设想了这些可能发生的局面之后，接着应该评估这些局面对你的行业所产生的影响，并衡量一下它可能产生多大的市场机遇。超大城市的出现为发展超大城市汽车提供了机遇。这些汽车的定位和目标人群是那些城市顾客。世界上将有 60% 的人口居住在城市，目前发达国家的城市中只

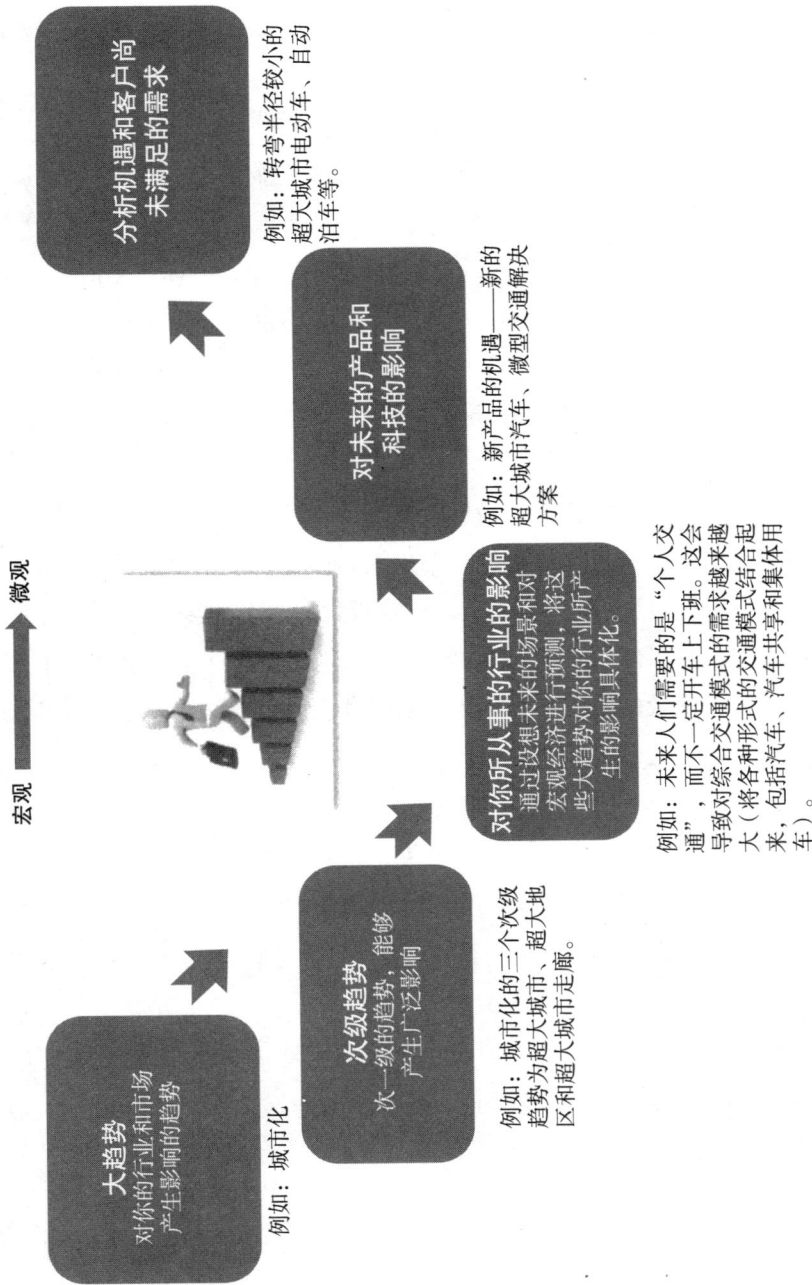

宏观 ——→ 微观

大趋势
对你的行业和市场
产生影响的趋势

例如：城市化。

次级趋势
次一级的趋势，能够
产生广泛影响

例如：城市化的三个次级
趋势为超大城市、超大地
区和超大城市走廊。

对你所从事的行业的影响
通过设想未来的场景，和对
宏观经济进行预测，将这
些大趋势对你所在的行业所产
生的影响具体化。

例如：未来人们需要的是"个人交
通"，而不一定开车上下班。这会
导致对综合交通模式的需求越来越
大（将各种形式的交通模式结合起
来，包括汽车、汽车共享和集体用
车）。

**对未来的产品和
科技的影响**

例如：新产品的机遇——新的
超大城市汽车、微型交通解决
方案

**分析机遇和客户尚
未满足的需求**

例如：转弯半径较小的
超大城市电动车、自动
泊车等。

图 11—2 从宏观到微观的方法论

资料来源：弗若斯特沙利文公司

有 40% 至 50% 的人口拥有汽车——每两个人中就有一个会成为潜在的超大城市汽车拥有者，这的确是个有很大利润空间的市场。

4. 评估对你的产品以及产品所需技术的启示。一旦你确定了自己的产品，比如，在汽车领域里的超大城市汽车，那么就该想一想有哪些技术可以使你的产品更加适应这一大趋势。对于大趋势之间的联系一定要很清楚，这一点十分重要，因为大多数的趋势都是相互关联的，而这种关联性往往会为你带来商机。例如，未来的太空会有近 1 200 颗卫星，再加上 4G 技术的发展，未来的城市将会有非常宽泛的无线网络，这为城市汽车中的网络收音机（如 Pandora）或车载Facebook 的发展提供了很多机会，另外还有在交通拥堵时可以设置的开启/关闭系统。

5. 找出当前客户尚未满足的需求。最后，要了解你的客户当前尚未满足的与大趋势相关的需求，以及了解怎样通过创新来推出新的解决方案以满足客户的需求。作为一个住在伦敦、驾驶 SUV 的人士，我常对我的汽车的转弯半径不满意，很想要一辆转弯半径小、可以两点掉头而不是三点掉头的汽车，且最好能够自动泊进很窄的停车空间。伦敦的出租车多年来一直都能够使用两点掉头，这是由于较短的转弯半径的缘故。大多数企业都很热衷于生产新型的汽车，但却不太了解客户真正的需求是什么。

当你完成了第一步之后，你应该列出一个关于未来机遇的清单。然后把它们分布在一个矩阵图中（见图 11—3 所示）当中，横轴代表成功的几率，纵轴代表若成功的话所带来的影响，再对其进行进一步的评估，列出一个更短或更长的清单。

对于那些最有潜力的机遇，也就是说成功率最高、处在右上角区域的机遇，你可以把它们称为超大机遇（Mega opportunities，MOs）。接着，试着更深入地了解这些机遇的具体内容，如：

1. 市场吸引力（市场大小、你的品牌竞争优势）；

2. 经济效益（投资回报率）；

3. 实施的难易程度；

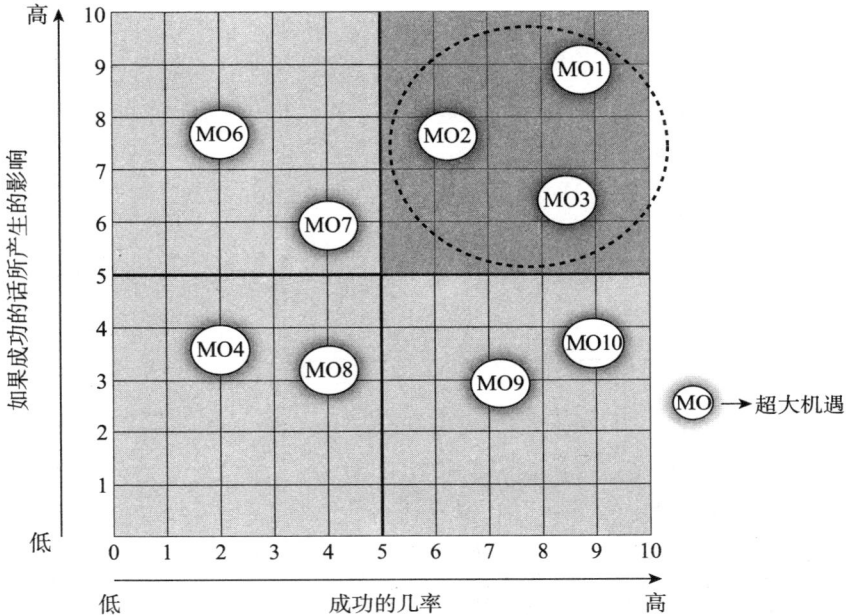

图 11 — 3　超大机遇矩阵图

资料来源：弗若斯特沙利文公司

4.不确定性评估、风险评估；

5.利益相关者分析。

这样一来，你既可以考虑到外部市场的吸引力，也考虑到你的企业自身所具有的实力，然后决定优先发展最有利可图的超大机遇。要记住，如果你的企业没有与之相配的实力，即使是最有吸引力、最简单的市场机遇也不会给你带来成功。

图 11—4 展示了这一过程。做出选择并开始实施以后，不要满足于已取得的成就而停滞不前，因为还有其他的大趋势很可能对你产生影响。

列出10~15个能够对你的企业带来最超大机遇/影响的大趋势

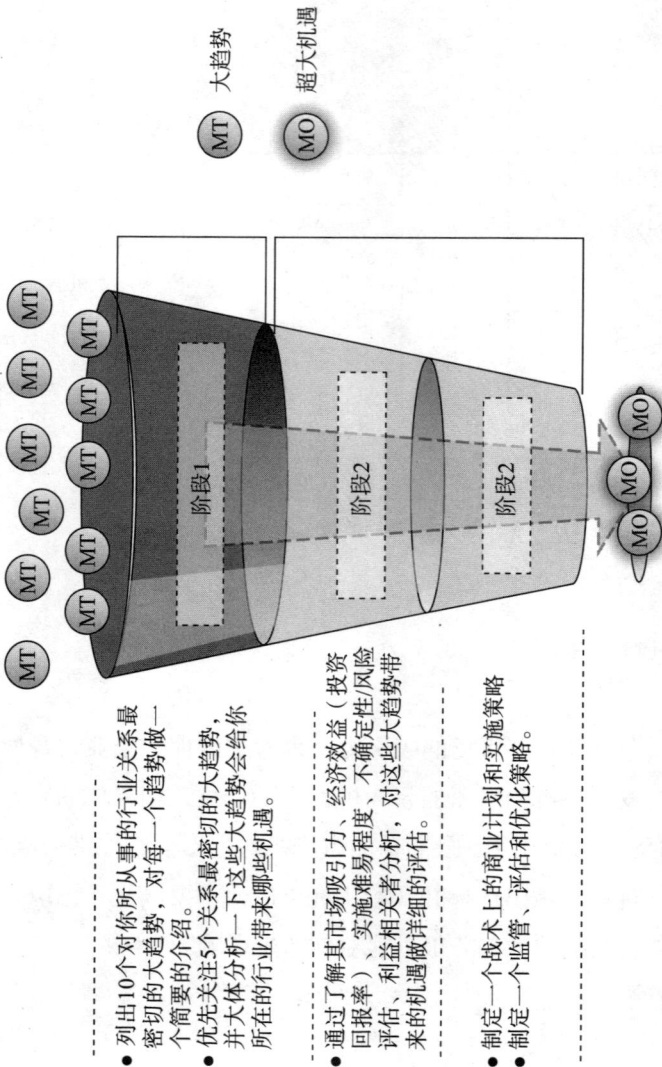

MT 大趋势

MO 超大机遇

阶段1
阶段2
阶段2

- 列出10个对你所从事的行业关系最密切的大趋势，对每一个趋势做一个简要的介绍。
- 优先关注5个关系最密切的大趋势，并大体分析一下这些大趋势会给你所在的行业带来哪些机遇。

- 通过了解其市场吸引力、经济效益（投资回报率）、实施难易程度、不确定性/风险评估、利益相关者分析，对这些大趋势带来的机遇做详细的评估。

- 制定一个战术上的商业计划和实施策略。
- 制定一个监管、评估和优化策略。

图11—4　识别和分析超大趋势所带来机遇的三步骤

为未来做好准备

大趋势对我们的个人生活、职业生活和社会活动都会产生影响，并且会改变我们交流、出行、做生意的方式，以及与客户、供应商甚至是社会群体打交道的方式。这些大趋势带给我们的启示远不限于此，这些大趋势有能力改变一个大城市，并能够影响到每一个人的生活。它们能够影响企业的收益、成本和利润，且能够影响人们出行的方式、社交网络、住房的选址，甚至是职业选择。

最值得注意的一点是，这些大趋势不仅互相联系，其所带来的启示产生的协同作用也是互相联系的。这些大趋势有能力将人们、社区、城市、商业、文化，甚至是国家连接起来。举个例子来说吧，城市化和互联这两个趋势不仅相互关联，用于集成 IT 平台的基础设施也将使人们和自己的城市连接、和其他世界上的城市连接、和商家连接，当然也使人们彼此连接。这会反过来影响人们生活的方式、人们需要的服务，以及城市为了迎合不断改变的需求（不管是能源还是水资源、基础设施需求、综合交通解决方案、甚至是地理位置服务的需求）来采取的解决方案。这只是本书中的两个大趋势相连的例子，想象一下，如果书中所有的大趋势都相互关联，并产生协同作用，会是多么强大的力量啊！

正如我先前提到过，在此再一次说明，了解这些大趋势只是一部分。你必须要实践"从宏观到微观"的整套方法论——分析这些"宏观"的大趋势所带来的启示并将之转化成当前的"微观"机遇，整套方法才有意义。而这样做会使一些企业具有竞争性的优势，并将成就未来的成功者和行业的领导者。

马尔科姆·利特尔（Malcom X）曾经说过："教育是通往未来的护照，明天属于那些今天有准备的人。"

现在，你已经具备了关于大趋势的知识，你准备好发现下一个 Facebook 式的理念了吗？

译者后记

　　也许你是一家企业的领导者、决策者，或者是每天坐在写字楼里办公的职员，你是否想知道 5 年、10 年以后你的企业会发展成什么样？你是否想过你的工作环境、家庭生活会变成什么样？是否想过到 2020 年我们的世界将会发生什么样的改变？企业的运营方式又会是怎样？那时我们上下班的交通工具将是什么？你居住的城市将会变成怎样？

　　这本书可以给你答案。本书是弗若斯特沙利文全球发展咨询公司的合伙人萨旺特·辛格先生耗时五年撰写的一本预测未来大趋势的书，每章介绍了一个到 2020 年会对全球产生重大影响的趋势，并阐释了这些趋势带给我们的启示。书中的感悟和想法来自辛格先生亲自领导的项目，资料大多基于弗若斯特沙利文公司 51 年来在全球范围内所作的研究报告与数据，这对我们一般读者来说是非常有意义的。

　　与其他一些预测未来的书不同的是，本书并不局限于对一个国家的经济或世界经济进行预测，其研究的范围涵盖了各行各业，包括能源、交通、人口、智能化、医疗、通信、航天航空、网络等，可谓是全球发展预测的集大成者。

　　本书的另一个独到之处在于，它不仅从宏观上对每一个大趋势做了详细且生动的介绍，而且通过实例与自己的分析，为读者讲述了如何把这些宏观的大趋势转化为一个企业可以利用的策略，可以提高企业价值、提升利润的机遇。本书的最后一章对此进行了详细论述。

　　作为译者，在翻译本书的过程中获益良多，使我了解了很多先前闻所未闻的新技术和新理念。能够把这些新技术、新理念分享给中国的读者，我感到十分荣幸。

　　最后，我要感谢本书翻译过程中给予过我帮助的人。感谢李霞、李行对本书的翻译提出了许多有价值的修改意见，感谢李歌和王楠对本书的医疗部分和太空部分的翻译给予了专业的指导和帮助，还要感谢我的朋友 Terence Murray 对我在翻译中遇到的问题进行了耐心的解答。当然，我还要感谢人民大学出版社的编辑对译文所作出的细心修改。

　　鉴于本人水平有限，错讹之处在所难免，敬请读者批评指正。

李桐

图书在版编目（CIP）数据

大未来：移动互联时代的十大趋势/（英）辛格（Singh, S.）著；李桐译.—北京：中国人民大学出版社，2014.7
ISBN 978-7-300-19754-8

Ⅰ.①大…　Ⅱ.①辛…　②李…　Ⅲ.①移动通信–互联网–研究　Ⅳ.①TN929.5

中国版本图书馆 CIP 数据核字（2014）第163516号

大未来：移动互联时代的十大趋势

［英］萨旺特·辛格　著

李桐　译

Da Weilai: Yidong Hulian Shidai de Shi Da Qushi

出版发行	中国人民大学出版社			
社　　址	北京中关村大街31号		**邮政编码**	100080
电　　话	010-62511242（总编室）		010-62511770（质管部）	
	010-82501766（邮购部）		010-62514148（门市部）	
	010-62515195（发行公司）		010-62515275（盗版举报）	
网　　址	http:// www. crup. com. cn			
	http:// www. ttrnet. com（人大教研网）			
经　　销	新华书店			
印　　刷	北京中印联印务有限公司			
规　　格	170 mm×230 mm　16开本		**版　　次**	2014 年9月第1版
印　　张	15.5　插页1		**印　　次**	2015 年11月第5次印刷
字　　数	242 000		**定　　价**	55.00元